T0194782

essentials

Essentials liefern aktuelles Wissen in konzentrierter Form. Die Essenz dessen, worauf es als „State-of-the-Art" in der gegenwärtigen Fachdiskussion oder in der Praxis ankommt. Essentials informieren schnell, unkompliziert und verständlich

- als Einführung in ein aktuelles Thema aus Ihrem Fachgebiet
- als Einstieg in ein für Sie noch unbekanntes Themenfeld
- als Einblick, um zum Thema mitreden zu können.

Die Bücher in elektronischer und gedruckter Form bringen das Expertenwissen von Springer-Fachautoren kompakt zur Darstellung. Sie sind besonders für die Nutzung als eBook auf Tablet-PCs, eBook-Readern und Smartphones geeignet.

Essentials: Wissensbausteine aus den Wirtschafts, Sozial- und Geisteswissenschaften, aus Technik und Naturwissenschaften sowie aus Medizin, Psychologie und Gesundheitsberufen. Von renommierten Autoren aller Springer-Verlagsmarken.

Werner Buselmaier

Evolutionäre Medizin

Eine Einführung für Mediziner und
Biologen

 Springer

Prof. Dr. Werner Buselmaier
em. Universitätsprofessor
Institut für Humangenetik
Ruprecht-Karls-Universität
Heidelberg
Deutschland

ISSN 2197-6708 ISSN 2197-6716 (electronic)
essentials
ISBN 978-3-658-10759-8 ISBN 978-3-658-10760-4 (eBook)
DOI 10.1007/978-3-658-10760-4

Die Deutsche Nationalbibliothek verzeichnet diese Publikation in der Deutschen Nationalbibliografie; detaillierte bibliografische Daten sind im Internet über http://dnb.d-nb.de abrufbar.

Was Sie in diesem Essential finden können

- Den Beleg, dass das menschliche Genom noch immer an das Leben als Jäger und Sammler, also an das Paläolithikum angepasst ist
- Wie Krankheiten entstanden
- Eine Beschreibung evolutionsbedingter anatomischer und biochemischer Besonderheiten und warum im Konflikt mit der kulturellen Evolution hieraus Volkskrankheiten entstanden
- Warum es eine Evolution der unterschiedlichen Geschwindigkeiten gibt
- Warum der Motor der Evolution der Reproduktionserfolg ist, nicht die Gesundheit und schon gar nicht ein möglichst langes Leben

Vorwort

Vermehrung und Vererbung, Wachstum und Entwicklung, Bewegung, Reizaufnahme und Reaktion, Stoff- und Energiewechsel sowie bei den meisten Organismen Alterung und Tod sind Funktionen, die Leben beschreiben, und sie basieren zumindest auf dem Planeten Erde auf der Existenz von Ribonucleinsäure und Desoxiribonucleinsäure. Leben in seinen verschiedenen Formen ist also an die evolutionäre Entwicklung dieser beiden Moleküle des Lebens gebunden. Hieraus lässt sich zwingend ableiten, dass jede Betrachtung von Lebensumständen, also von Gesundheit und Krankheit, den evolutionären Hintergrund mit berücksichtigen muss. Oder wie es der Genetiker Theodosius Dobzhansky 1973 ausdrückte: „Nichts in der Biologie ergibt einen Sinn, es sei denn, man betrachtet es im Licht der Evolution."

Die praktizierte Medizin beschränkt sich dagegen bislang auf die proximativen (unmittelbaren) Ursachen einer Krankheit, also auf die physiologischen, anatomischen und heute auch teilweise molekularen bzw. genetischen Voraussetzungen. Der Mensch wird dabei isoliert und nicht als Produkt einer 3 Mrd. Jahre langen Entstehungsgeschichte betrachtet. Die Folge: Grundlegende evolutionsbiologische Ursachen für Gesundheit und Krankheit werden erst gar nicht beachtet und damit nicht tiefgreifend verstanden.

Die evolutionäre Medizin, Anfang der 1990er Jahre begründet von dem Mediziner Randolph Nesse und dem Evolutionstheoretiker George C. Williams, sieht dagegen den Menschen als Ergebnis einer langen Entwicklung. Diese Betrachtungsweise im Licht der Evolution ist für das Verständnis der Natur sowohl des gesunden wie des kranken Menschen von außerordentlicher Bedeutung. Der proximative Ansatz wird also durch einen ultimativen ergänzt, der nach der Phylogenie von Entwicklungsvorgängen fragt und danach, warum sich bestimmte Mechanismen herausgebildet und stabilisiert haben.

Die zunehmende Erkenntnis, dass es zum vollständigen Verständnis einer Krankheit sowohl unmittelbarer als auch evolutionsbiologischer Erklärungen bedarf, wird in allerjüngster Zeit auch in die Medizinerausbildung eingebracht. Vorreiter waren die Berliner Charitè und die Medizinische Fakultät der Universität Leipzig, die seit wenigen Jahren entsprechende Lehrveranstaltungen anbieten. Das Lehrbuch „Biologie für Mediziner" des Verfassers dieses Essentials hat als 1. Lehrbuch in der 12. Auflage 2012 ein Kapitel „Evolutionäre Medizin: Der Mensch als Teil der Evolution" veröffentlicht. Im Teilkatalog „Biologie für Mediziner" des Gegenstandskataloges des Instituts für Medizinische und Pharmazeutische Prüfungsfragen (IMPP-GK1) in der Auflage von 2014, der erstmals ab Herbst 2015 prüfungsrelevant ist, wird nun unter dem Begriff „Genetische Evolution" dieses Wissenschaftsgebiet erstmals in der Grundausbildung der Medizinstudenten verankert. Das vorliegende Essential bezieht sich auf die 13. Auflage (2015) des erwähnten Lehrbuches. Die Bedeutung dieses neuen integrativen Ansatzes zeigt sich auch in der Gründung des Max-Planck-Instituts für evolutionäre Anthropologie (MPI Eva) 1997 in Leipzig und des Zentrums für Evolutionäre Medizin 2010 an der Universität Zürich.

Inhaltsverzeichnis

Der Autor

Werner Buselmaier geboren 1946, studierte Biologie in Heidelberg.

Nach der Promotion Tätigkeit als Wissenschaftler, Heisenberg-Stipendiat, verschiedene Wissenschaftspreise und öffentliche Ehrungen, Bundesverdienstkreuz am Bande 2005.

Habilitation 1978 und 1981 Ernennung zum Universitätsprofessor für allgemeine Humangenetik und Anthropologie in Heidelberg.

2001 Berufung zum Visiting Professor für Humanbiologie und Genetik der Universität Mostar. Leitete u. a. Projekte zur Modernisierung der Medizinischen Fakultäten in der Nachkriegssituation Bosnien Herzegowinas und zur Verbesserung der medizinischen Versorgung in der Südtürkei.

Er ist Autor zahlreicher wissenschaftlicher Publikationen und mehrerer bekannter Lehrbücher aus den Bereichen Biologie und Humangenetik.

Woher wir kommen 1

1.1 Unser Genom

Das menschliche Genom besteht aus etwa 21.000 proteincodierenden Genen, ca. 6000 RNA-Genen und 37 Mitochondrien-Genen – nicht mehr als viele weit weniger hoch entwickelte Organismen auch besitzen. Dies macht insgesamt etwas mehr als 5 % unseres Gesamtgenoms. Hinzu kommen viele Defektsequenzen, die zu Genfragmenten und nicht transkribierten Pseudogenen geführt haben. Bemerkenswert ist, dass unstrittig etwa die Hälfte des Genoms Transposon-basiert ist, also viraler Herkunft. Nach neuesten Schätzungen scheint ihr Anteil sogar noch höher zu sein (bis 70 %), da sehr alte Transposons durch Hunderte von Millionen Jahren der Vertebraten-Evolution sich mutativ sehr stark verändert haben, sodass diese als solche schwer zu erkennen sind. Man bezeichnet diesen Teil als den „dunklen Teil der Materie des Genoms".

> ▶ Wir sind in unserem Genom also ein Organismus und gleichzeitig viele. Unser Genom ist die Evolutionsgeschichte unserer biologischen Kontakte.

1.2 Der moderne Mensch

Alle Untersuchungen vor allem an mitochondrialer, aber auch an nucleärer und Y-chromosomaler DNA deuten darauf hin, dass Homo sapiens vor etwa 100.000–400.000 Jahren in Ostafrika aus einer kleinen Population von ca. 10.000 Individuen entstanden ist und von dort aus die ganze Welt besiedelt hat (Abb. 1.1).

© Springer Fachmedien Wiesbaden 2015
W. Buselmaier, *Evolutionäre Medizin*, essentials,
DOI 10.1007/978-3-658-10760-4_1

Abb. 1.1 Unsere Wurzeln, Verzweigungen, Abbrüche, Katastrophen und frischen Zweige – der Baum als Sinnbild der Evolution. (Bild: Sigrid Göhner-Buselmaier)

Damit ist die alte auf Fossilien basierende Theorie der Paläoanthropologen einer kontinuierlichen Entwicklung des heutigen Menschen aus dem **Homo erectus**, der vor über 1 Mio. Jahren von Afrika aus die Welt besiedelt hat, widerlegt. Wahrscheinlich ist allerdings unter Berücksichtigung der dominanten Rolle, die Afrika bei der Bildung der modernen menschlichen Genpools spielt, dass Menschen sich von Afrika ausgehend mehr als einmal ausgebreitet und sich dann auf regionaler Ebene vermischt haben (Abb. 1.2).

▶   Homo sapiens sapiens, der moderne Mensch, trat erstmals vor etwa 40.000 Jahren auf.

Dabei wird seit etwa 10 Jahren – denn so lange kann man mit zunehmendem Erfolg Genomanalysen an fossilem Material durchführen – darüber diskutiert, ob es zwischen dem modernen Menschen und dem späten **Neandertaler**, den er bei der

Abb. 1.2 Hypothesen zur
Entstehung des modernen
Menschen. (Aus Buselmaier
2015)

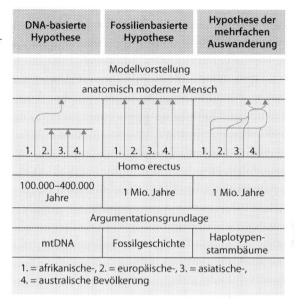

Besiedelung von Europa sozusagen wiedertraf und mit dem er dann ca. 10.000
Jahre zusammenlebte, zu einem Genfluss vom Neandertaler zum **Homo sapiens**
gekommen ist. Verschiedene Publikationen scheinen zu belegen, dass etwa 1–4 %
(letzterer Prozentsatz in der Toscana) unseres Genoms aus dem Neandertaler-Ge-
nom stammen. Dabei handelt es sich um genetisches Material, das bei Personen
südlich der Sahara nicht vorkommt, also später ins Humangenom integriert worden
ist. Es wird u. a. besonders der Ursprung eines Allels des Gens BNC2 auf Chro-
mosom 9 diskutiert, das für Keratin codiert und an der **hellen Pigmentierung** der
Haut von Europäern beteiligt sein könnte. Es muss allerdings erwähnt werden, dass
es für die Entstehung der hellen Pigmentierung in Regionen geringerer Sonnenein-
strahlungen auch noch eine andere Hypothese gibt, die auf einem starken Selek-
tionsmechanismus in Richtung helle Hautfarbe beruht (Abschn. 4.5).

Hiermit ist der vorerst letzte Schritt einer langen biologischen Evolutionsgeschichte beschrieben. Doch die biologische Evolution ist nur zum Teil dafür verantwortlich, dass der Mensch sich so entwickelt hat, wie er heute ist. Seit jeher ist
Homo sapiens ein soziales Lebewesen, das an das Leben in einer Gruppe angepasst
ist. Ein solches Wesen benötigt soziale Strukturen und entwickelt damit Kultur, die
einem ständigen Wandel unterliegt.

► Die Evolution sozialer Strukturen und damit von Kultur beschreibt man
als soziokulturelle Evolution.

Damit präzisieren sich die Fragestellungen der evolutionären Medizin auf den
Konflikt zwischen der biologischen und kulturellen Evolution des Menschen. Anders ausgedrückt: Die evolutionäre Medizin beschreibt den Konflikt in der Takt-
geschwindigkeit zwischen Mutation und Selektion einerseits und kultureller Entwicklung andererseits und stellt darüber hinaus die Frage, inwieweit beide Prozesse überhaupt konvergieren.

Genom versus Kultur 2

Mutationen sind die Triebfeder der Evolution (Abb. 2.1). Jede Mutation im codierenden Bereich des Genoms wird letztendlich an der Natur geprüft, sie wird der Selektion unterworfen. Ein Selektionsvorteil kann zu einer langsamen Veränderung des Genpools führen.

> ▶ Selektion läuft aber so langsam ab, dass der moderne Mensch immer noch an die Lebensweise und Umwelt des Paläolithikums angepasst ist: an ein Leben in kleinen Gruppen als nicht-sesshafte Jäger und Sammler.

Fast alle Krankheiten, mit denen die heutige Medizin konfrontiert ist, sind ausgesprochen jung: Sie entstanden erst, als der Mensch vor ca. 10.000 Jahren sesshaft wurde und die Bevölkerungsdichte zunahm, wie nachfolgend am Beispiel von Infektionskrankheiten erläutert wird. Von den heute bekannten über 1400 Krankheitserregern stammen 58 % ursprünglich von Tieren und hiervon der überwiegende Teil von Säugetieren (20 % von Primaten). Viele Infektionskrankheiten des Menschen sind durch einen Artensprung von Haustieren entstanden:

• Masern und Tuberkulose stammen vom Rind, das vor ca. 8000 Jahren domestiziert wurde.
• Grippe stammt vom Schwein, das vor ca. 10.000 Jahren domestiziert wurde.
• Pocken stammen wahrscheinlich vom Kamel.

Die Siedlungsgeschichte mit der für Infektionskrankheiten notwendigen Bevölkerungsdichte, die dadurch bedingte Nähe zu Exkrementen, Abfällen, Ratten, Mäusen usw. und das enge Zusammenleben mit Haustieren sind die Voraussetzungen für das Auftreten von Epidemien (Kap. 5).

© Springer Fachmedien Wiesbaden 2015
W. Buselmaier, *Evolutionäre Medizin*, essentials,
DOI 10.1007/978-3-658-10760-4_2

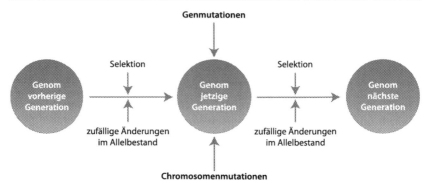

Abb. 2.1 Mutation und Selektion als treibende Kräfte der Evolution. (Aus Buselmaier 2015)

Bereits die wenigen Beispiele verdeutlichen den Konflikt zwischen unserem archaischen Genom und der Geschwindigkeit unserer kulturellen Entwicklung. Sie werfen aber auch Fragen auf:

- Ist Krankheit ein natürlicher Begleiter der menschlichen Existenz?
- Ist der menschliche Körper an seinen modernen Lebensstil angepasst?
- Sind Krankheiten zu einem guten Teil ein Tribut an die kulturelle Entwicklung?

Wir werden zur Diskussion dieser Fragen in den folgenden Abschnitten weitere anatomische Gegebenheiten sowie nicht-infektionsbedingte Krankheiten und ihre kulturelle Ursache beschreiben.

Selektion ist begrenzt und schließt Kompromisse

3

3.1 Wirbelsäule

Die evolutive Entwicklung des aufrechten Gangs vollzog sich in der afrikanischen Savanne. Sie hat den Menschen zu einem vielseitigen Generalisten als Jäger und Sammler gemacht. Die damit verbundenen anatomischen Veränderungen führten aber zu diversen negativen Begleiterscheinungen (s. u.). Diese werden zweifelsohne verstärkt durch die modernen Lebensgewohnheiten, die sich die in Industriestaaten lebenden Menschen in den allerletzten Generationen geschaffen haben und für die sie evolutionär nicht angepasst sind.

Rund 80 % der Menschen in Deutschland sind im Lauf ihres Lebens von Rückenschmerzen betroffen, ein erheblicher Teil längerfristig. Dies führt unter anderem dazu, dass für rund ¼ aller Arbeitsunfähigkeitstage Krankheiten der Wirbelsäule und des Rückens verantwortlich sind. Unter den 14- bis 17-Jährigen leiden bereits 44 % nach Angaben des Robert-Koch-Instituts unter Rückenschmerzen. Damit sind Rückenschmerzen das Volksleiden Nummer 1. Der gesamte volkswirtschaftliche Schaden in Deutschland beträgt 50 Mrd. € pro Jahr. Ursache ist u. a. Bewegungsarmut, z. B. durch Schreibtischarbeit und bei den Jüngeren die Beschäftigung mit modernen Kommunikationsmitteln. Folge ist eine dadurch krankhaft veränderte Rückenmuskulatur. Dies sowie Dauer und Art des Sitzens führt sehr häufig zu Problemen, einschließlich anatomisch bedingter Bandscheibenvorfälle im unteren Rückenbereich. Eine kniende, stehende oder kauernde Rückenhaltung würde die Bandscheiben der Lendenlordose, d. h. der ventralen Krümmung der Lendenwirbelsäule, um 50 % weniger belasten. Daneben spielt seelischer Stress, wie die moderne Forschung zeigt, eine nicht unerhebliche Rolle.

Die aufrechte Haltung bewirkt zudem bei älteren Menschen mit verschlechtertem Gleichgewichtssinn und brüchigeren Knochen ein erhöhtes Frakturrisiko.

© Springer Fachmedien Wiesbaden 2015
W. Buselmaier, *Evolutionäre Medizin,* essentials,
DOI 10.1007/978-3-658-10760-4_3

Die Veränderung der Lage des Geburtskanals führte im Paläolithikum Schätzungen zufolge in etwa 15 % der Schwangerschaften zum Tod der Mutter. Die Lage der Vagina innerhalb des Beckengürtels beschränkte die Zunahme der Kopfgröße im Mutterleib, wodurch sich sekundär und im Gegensatz zu Affenbabys der Mensch zum **Nesthocker** entwickelt hat.

Dies alles sind Beispiele dafür, dass das Zusammenspiel von Mutationen und Selektion zu Kompromissen geführt hat, wie sie auch mit der Entstehung des aufrechten Gangs einhergehen. Gleichzeitig hat die Selektion zu irreversiblen Fakten geführt. Sie ist damit auch begrenzt.

3.2 Appendix

▶   Evolutive Selektionsprozesse begünstigen die Erhaltung eines Merkmals nur dann, wenn es sich positiv auf die Lebensfähigkeit, die Lebensdauer oder die Fruchtbarkeit der Keimzellen auswirkt.

Man bezeichnet dies als **reproduktive Fitness**. Der Appendix, nach gängiger medizinischer Meinung ein rudimentäres Organ ohne Funktion oder mit geringer Bedeutung für die lokale Immunabwehr im Darmbereich, aber offenbar mit negativen Folgen für die reproduktive Fitness, sollte also durch die Selektion längst abgeschafft sein. Die **Appendizitis** hat einen Häufigkeitsgipfel zwischen dem 5. und 30. Lebensjahr, betrifft also einen größeren Teil des fortpflanzungsfähigen Alters. Evolutionsbiologen suchen daher seit geraumer Zeit nach Gründen, weshalb der Appendix möglicherweise durch positive Selektion bis heute erhalten geblieben ist.

Verschiedene Theorien sind aufgestellt worden, von denen die folgende vielleicht die plausibelste ist: **Diarrhö** war während der gesamten menschlichen Entwicklung eine Gefährdung. Die verengte Öffnung des Appendix kann das Eindringen von Pathogenen möglicherweise erschweren oder verhindern. Nach einer Durchfallerkrankung könnten die von diesen in ihrer Nische eher wenig beeinträchtigten symbiontischen Darmbakterien des Appendix für eine schnellere Wiederherstellung der Darmflora sorgen.

Dennoch ist der Appendix, der sich mit einer Wahrscheinlichkeit von 7–8 % irgendwann im Laufe des Lebens entzündet, ein gutes Beispiel für die Unvollkommenheit des menschlichen Gastrointestinaltrakts.

3.3 Auge

Die Entwicklung des Sehens ist evolutionsbiologisch ein hochkomplexer Vorgang, der viele Jahrmillionen in Anspruch nahm. Das Auge hat sich in der Evolution der Lebewesen mindestens 40-mal unabhängig voneinander entwickelt. Deswegen stellt die Augenentwicklung ein Paradebeispiel für konvergente Evolution dar. Trotz dieser Konvergenz gib es mindestens 875 homologe augenspezifische Gene, die sowohl beim Oktopus (Kraken) als auch beim Menschen vorkommen, ein Beispiel für hoch konservierte Gene in der Evolution.

Linsenaugen findet man bei Wirbeltieren und beim Menschen ebenso wie bei Kopffüßern oder Cephalopoden (meeresbewohnenden Weichtieren wie Kalmaren, Kraken, Sepien und Nautilus). Beiden Augentypen gemeinsam ist ein dioptrischer Apparat aus Hornhaut, Hauptlinse und Glaskörper sowie eine Retina aus Millionen Fotorezeptoren. Entscheidender Unterschied ist die inverse bzw. everse **Lage der Pigmentzellen** (Abb. 3.1)

- Beim **invers gebauten menschlichen Auge** ist die lichtabsorbierende Pigmentschicht dem Licht abgewandt. Das einfallende Licht muss deshalb zuerst die Nervenzellschicht passieren, bevor es auf die Fotorezeptoren trifft. Die Erklärung hierfür liegt in der ontogenetischen Entwicklung. Das Wirbeltierauge entsteht durch eine Ausstülpung des Zwischenhirns und gehört somit zum Zentralnervensystem.
- Das **evers gebaute Cephalopodenauge** wird durch Einstülpung der Epidermis gebildet. Die Pigmentzellen sind dadurch dem Licht zugewandt.

Auf der Retina des inversen Auges verlaufen Blutgefäße und Nerven, die das Licht erst passieren muss, bevor auf die Fotorezeptoren trifft. Die Nervenfasern vereinen sich im N. opticus, dem **blinden Fleck**, einer Stelle, an der kein Sehen möglich ist. Dieser Mangel wird durch die räumliche Lage des blinden Flecks im Augenhintergrund ausgeglichen: Das Licht eines bestimmten Punkts in unserem Gesichtsfeld kann nicht in beiden Augen gleichzeitig auf den blinden Fleck fallen.

Auch die Blutgefäße auf der Netzhautoberfläche werfen Schatten. Diese werden durch ständige winzige Zuckungen des Auges kompensiert, sodass stets ein anderer Bereich des Sichtfelds abgedeckt wird.

Aufgrund seines inversen Konstruktionsprinzips neigt das Auge des Menschen jedoch zu medizinischen Problemen:

- **Netzhautblutungen** bzw. Veränderungen der Retinadurchblutung können das Sehvermögen stark beeinträchtigen.

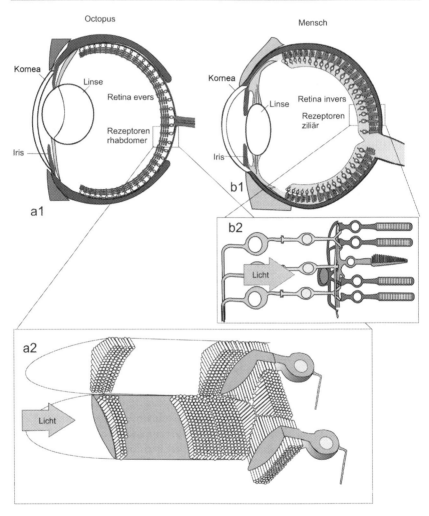

Abb. 3.1 Cephalopodenauge und menschliches Auge im Vergleich. (Aus Müller und Frings 2009)

- Die lichtempfindliche Fotorezeptorschicht kann sich vom darunter liegenden Pigmentepithel ablösen (**Netzhautablösung**). (Diesen Vorgang verhindert beim Cephalopodenauge die Verankerung der Retina mittels Nervenfasern.)
- Bei Diabetikern kann Gefäßproliferation eine **diabetische Retinopathie** auslösen.

▶ Das menschliche Auge und das Wirbeltierauge sind offensichtlich „falsch herum gebaut".

Auch an anderer Stelle im Tierreich hat das evolutive Wechselspiel zwischen zufälligen Mutationen und Selektion den richtigen Weg gefunden. Warum wird aber ein solcher Fehler kompensatorisch weiterentwickelt und nicht ursächlich korrigiert? Der Grund liegt darin, dass Evolution schrittweise und ohne Richtung verläuft. Sie ist also eher mit einem „Stolpern" vergleichbar, denn einem zielgerichteten Vorgang. Dabei kann eine einmal eingeschlagene Variante zwar schrittweise verbessert, aber nicht grundsätzlich korrigiert werden. Eine existierende Form kann nur so erfolgreich verändert werden, dass dies die Fitness der nachfolgenden Generation nicht beeinträchtigt oder aber verbessert.

3.4 Myopsie

Zum Zeitpunkt der Geburt hat das Auge noch nicht seine endgültige Größe, es ist noch zu klein. Normalerweise erfolgt das Längenwachstum, also die genaue Anpassung der optischen Achse, damit das Bild entfernter Objekte auf der Netzhaut scharf abgebildet wird, weitgehend im 1. Lebensjahr. Eine geringfügige Größenzunahme erfolgt noch bis ins Erwachsenenalter. Das zu kleine Auge kleiner Kinder hat eine Weitsichtigkeit zur Folge, die aber durch Akkommodation ausgeglichen werden kann. Kinder unter 10 Jahren sind noch gering bis mittelgradig weitsichtig, was durch die Elastizität der Linse ausgeglichen wird. Niemand kommt also bereits normalsichtig auf die Welt, wobei nicht bekannt ist, wie das Auge letztendlich seine normale Länge findet. Bei Kurzsichtigkeit (Myopsie) ist die Gesamtbrechkraft des Auges zu hoch, mit der Folge, dass nur naheliegende Objekte scharf abgebildet werden, weit entfernte Objekte werden dagegen unscharf dargestellt, weil der Brennpunkt vor der Netzhaut liegt. Da die Akkommodation die Brechkraft nur verstärken kann, ist ein Ausgleich biologisch nicht möglich. Myopsie entsteht also, wenn der Augapfel in der Kindheit zu stark in die Länge wächst (Abb. 3.2).
Nun hat sich die Anzahl Kurzsichtiger in den letzten Jahrzehnten kräftig erhöht.

▶ In den Industrienationen ist weltweit mindestens 1/3 der Bevölkerung kurzsichtig, in manchen Großstädten Asiens sind es bis zu 90 %, was die Frage nach der Ursache beinhaltet.

Zweifellos gibt es genetische Ursachen für Myopsie. So haben die Kinder myoptischer Eltern größere Augäpfel und ein 4-fach höheres Risiko als Kinder von Eltern ohne Fehlsichtigkeit, wobei das Risiko bei nur einem kurzsichtigen Elternteil

Abb. 3.2 a Strahlengang
bei normalsichtigem Auge.
b Strahlengang bei Myopsie
(Brennpunkt liegt vor der
Netzhaut). **c** Korrigierter
Strahlengang durch Zer-
streuungslinse (Brenn-
punkt auf die Netzhaut
verschoben)

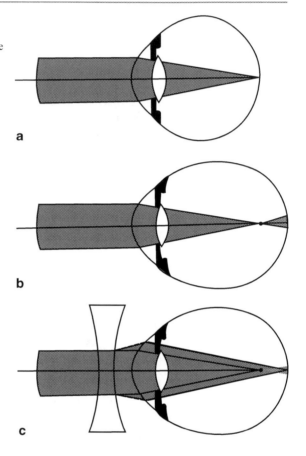

bei 20–25 % liegt; sind beide Eltern myop, steigert sich das Risiko auf 30–40 %,
Kinder normalsichtiger Eltern haben dagegen nur ein 10–15 %iges Risiko. Auch
Zwillings- und Familienstudien belegen klar eine genetische Komponente. Große molekulargenetische und andere Studien konnten bisher annähernd 50 Genorte
identifizieren, die mit Myopsie in Verbindung stehen, wobei hochgradige Formen
eher monogen vererbt werden, niedriggradige dagegen eher polygener Natur sind.
Die hochgradige Zunahme der Myopsie in den letzten Jahrzehnten lässt sich jedoch durch genetische Faktoren nicht erklären.

▶   Vieles spricht hingegen dafür, dass Umwelteinflüsse in modernen
    Gesellschaften für die Zunahme der Kurzsichtigkeit verantwortlich sind.

Dabei gibt es eine enge Korrelation zwischen **Bildungsstand** und Myopsie. Die
Kurzsichtigkeit ist bei Hochschulabsolventen etwa doppelt so hoch wie bei Personen ohne höhere Schulbildung. Viel **Naharbeit** gibt es in der Evolution des
Menschen erst in allerjüngster Zeit. Die allgemeine Schulpflicht nach unserem
heutigen Verständnis wurde für ganz Deutschland erst 1919 für Kinder deutscher
Staatsangehörigkeit eingeführt, nach regionalen Anfängen im 16. bis 18. Jahrhundert. Für ausländische Kinder existiert sie erst seit 1960 und für Asylbewerber-
kinder, z. B. in NRW, erst seit 2005. Auch ist Kurzsichtigkeit, wie mehrere wis-
senschaftliche Studien nachwiesen, bei Kindern in Industrienationen wesentlich
häufiger als in Entwicklungsländern. Alles spricht also dafür, dass die Zunahme
der Kurzsichtigkeit eine Folge der Nahbeschäftigung von Kindern und Jugend-
lichen bis ins Erwachsenenalter ist. Hierzu gehören Bücher, Indoor-Spiele und der
Umgang mit dem PC bereits in frühen Jahren. Verstärkt wird diese Annahme durch
neuere Studien, die darauf hindeuten, dass der Einfluss des Tageslichts ein zu star-
kes Wachstum der Augäpfel zu bremsen scheint. Ein großer Teil unserer heutigen
Beschäftigung, verstärkt durch Indoor-Aufenthalte, ist wohl für das Phänomen der
Myopsie verantwortlich. Sie ist somit eine evolutionär bedingte fehlende Anpassung an die jetzigen Lebensbedingungen.

3.5   Kreuzung zwischen Luft- und Speiseröhre

▶   Aspiration z. B. eines Fremdkörpers in die Trachea führt zum „Verschlu-
    cken" schlimmstenfalls zum Erstickungstod. Mitverantwortlich ist die
    widersinnig erscheinende „Kreuzung" von Luft- und Speiseröhre.

Die menschliche Mundhöhle befindet sich unterhalb des Nasenraums, der Ösopha-
gus verläuft jedoch dorsal von der Trachea. So kommt es zum Zusammentreffen der
Versorgungssysteme für Atemluft und Nahrung/Wasser in der Kehle. Da das Ersti-
ckungsrisiko einen starken Selektionsdruck auslöst, ist im Laufe der Evolution die
Epiglottis entstanden, die während des Schluckvorgangs die Luftröhre verschließt.
Die Ursache für dieses Kreuzungsphänomen liegt in der Umkonstruktion des
Verdauungs- und Respirationstrakts im Laufe der Evolution: Frühe Vorfahren der
Wirbeltiere waren klein und wurmähnlich. Passive Diffusion gelöster Gase reich-
te zur Erfüllung respiratorischer Bedürfnisse aus und die Nahrung wurde mittels
siebähnlicher Einrichtungen aus dem Wasser gefiltert (Abb. 3.3).

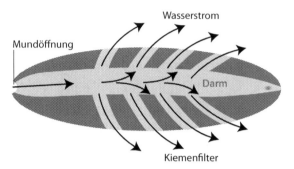

Abb. 3.3 Bauplan eines ausgestorbenen Vorläufers der Vertebraten (Horizontalschnitt). (Aus Buselmaier 2015)

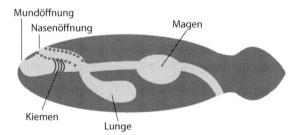

Abb. 3.4 Lungenfischstadium in der Evolution von Atem- und Verdauungssystem der Vertebraten. Vertikalschnitt nahe der Mittellinie. Die Punktlinien bezeichnen die spätere Verlagerung der Verbindung zur Nasenöffnung in den Kehlkopfbereich heutiger Säugetiere. (Aus Buselmaier 2015)

Mit der Größenzunahme der Organismen wurden Atmungssysteme erforderlich. Diese entstanden durch die Modifikation des Nahrungsfilters, sodass er zusätzlich als Kieme funktionierte. Mit Einführung der Lungenatmung wurden aus Riechorganen auf der Oberseite des Mauls zusätzlich Atemwege für die Lungenatmung. Dieser Entwicklungszustand entspricht dem Stadium des **Lungenfischs** (Abb. 3.4). In der weiteren Entwicklung wanderte die Verbindung beider Versorgungssysteme unter Verkürzung zur Kehle zurück, sodass nur noch eine Kreuzung übrig blieb, die heute alle **Vertebraten** besitzen.

Der Mensch ist im Gegensatz zu anderen Säugetieren allerdings – außer in den ersten Lebensmonaten – nicht in der Lage, gleichzeitig zu schlucken und zu atmen. Diese Erschwernis ist durch diverse humanspezifische Modifikationen bedingt, die mit dem Sprechen assoziiert sind.

Tab. 3.1 Übersicht: Beispiele für die Zusammenhänge zwischen evolutiver anatomischer Strukturbildung und medizinischen Problemen des Menschen

	Appendix	Auge (Aufbau)	Auge (Myopsie)	Verlauf von Luft- und Speiseröhre
Ursache bzw. Funktion	Lokale Immunantwort gegen Antigene im Darmtrakt; Wiederbesiedlung mit symbiontischen Darmbakterien nach Diarrhoe	Inverse Lage der Pigmentzellen, verglichen mit Cephalopodenauge herkunftsbedingt „falsch herum gebaut"	Längenwachstum des Augapfels	Evolutiv bedingte Kreuzung
Medizinische Probleme	Appendizitis, häufigste Ursache für operative Eröffnung der Bauchhöhle (bei 7–8 % der Gesamtbevölkerung)	Z. B. Netzhautablösung diabetische Retinopathie, Durchblutungsprobleme	Kurzsichtigkeit	Verschlucken

▶ Verschlucken ist ein Tribut an einen Evolutionskompromiss.

Tabelle 3.1 listet die 4 hier erörterten Beispiele für den Zusammenhang zwischen evolutiv bedingter Struktur und humanmedizinischen Problemen auf.

4.1 Hypertonie

Bisher standen evolutive Vorgänge und anatomische Entwicklungen im Mittelpunkt, bei denen Mutationen und Selektion eine eindeutige, irreversible Richtung vorgegeben haben. Die heute sichtbaren Ergebnisse sind Kompromisse, genetische Heterogenität ist hier nicht vorhanden. Die folgenden Abschnitte widmen sich Erkrankungen und ethnischen Varianten, die durch veränderte Umweltbedingungen entstanden und bei denen die Bevölkerung und ethnischen Gruppen genetisch heterogen sind.

Hypertonie ist ein Risikofaktor für **Schlaganfall, koronare Herzerkrankungen** und **Nierenversagen**. Familiäre Häufung sowie die hohe Konkordanz bei eineiigen Zwillingen weisen auf die Rolle der genetischen Faktoren in der Ätiologie der Hypertonie hin. Wie große Studien zeigen, sind die Blutdruckwerte in der Bevölkerung unimodal verteilt. Dies ist ein Hinweis auf polygene Vererbung. In 95 % liegt eine essenzielle Hypertonie vor. Exogene Faktoren wie Übergewicht, Alkohol, Stress und Ernährungsfaktoren wie hohe Natrium-, niedrige Kalium- und Calciumaufnahme spielen bei der Hypertonie eine große Rolle.

In letzter Zeit rücken die Gene des **Renin-Angiotensin-Systems** (RAS) als Kandidatengene für die Hypertonie in den Blickpunkt. Der Bluthochdruckforscher Detlev Ganten, der sich nachdrücklich für die evolutionäre Medizin einsetzt, gibt uns eine schlüssige Erklärung, warum der Blutdruck bei jedem 2. Erwachsenen zu hoch ist.

Das RAS ist evolutionär darauf angelegt, den Blutdruck unter allen Umständen stabil zu halten und eine Dehydrierung zu verhindern. In der afrikanischen Savanne, dem Entstehungsort des Menschen, war die Verfügbarkeit von Salz und Wasser knapp und Hitze, körperliche Arbeit und Schwitzen führten zu Verlusten.

© Springer Fachmedien Wiesbaden 2015
W. Buselmaier, *Evolutionäre Medizin*, essentials,
DOI 10.1007/978-3-658-10760-4_4

Das RAS hält Salz und Wasser in der Niere zurück und verengt bei Volumenmangel die Gefäße.

» Bei der heutigen Lebensweise des modernen Menschen mit hohem Salzkonsum ist das RAS überaktiv. Da wir nicht zur Lebensweise der Jäger und Sammler zurückkehren können und wollen, bleibt uns bei Bluthochdruck nur die Wahl, das Renin-Angiotensin-System medikamentös auszuschalten.

4.2 Adipositas

Gerade die **Fettleibigkeit** zeigt, dass genetische und exogene Bedingtheit nur schwer oder gar nicht unterscheidbar sind. Diverse Tiermodelle belegen, dass einzelne Genorte für Adipositas verantwortlich sind. Allerdings beantworten diese Modelle eher den genetischen Ausfall eines Sattheitsmechanismus und weniger Mechanismen, die Menschen empfänglicher oder resistenter für nahrungsverwertungsinduzierte Fettsucht machen.

Dennoch könnten Einzelgenmutationen mit verschiedenen Mechanismen oder eine Kombination von ihnen für einen Teil der menschlichen Fettleibigkeit verantwortlich sein. **Genetische Heterogenität** ist hier wahrscheinlich. Möglicherweise gibt es verschiedene monogene Varianten ebenso wie einen multifaktoriellen Hintergrund. Unter den Adipösen gibt es aber sicher auch viele, deren Fettleibigkeit durch soziale und kulturelle Gewohnheiten bedingt ist. Die Frage lautet also: Warum sind heute so viele Menschen übergewichtig und warum waren es unsere Vorfahren nicht trotz der gleichen genetischen Ausstattung?

In der Steinzeit verbrachten unsere Vorfahren sehr viel Zeit mit Nahrungserwerb durch Laufen und Jagen. Bei ihnen befanden sich Energieaufnahme und -verbrennung im Gleichgewicht. 2 Ereignisse in der Vergangenheit haben maßgeblich dazu beigetragen, dass dieses Gleichgewicht heute gestört ist und Fettleibigkeit sich zu einem der größten Gesundheitsprobleme der westlichen Welt entwickelt hat:

* Die **Neolithische Revolution zwischen** 9000 und 5500 v. Chr. ging mit der Entwicklung der Sesshaftigkeit durch die Erfindung von Ackerbau und Viehzucht einher. Sie führte zur Abhängigkeit von den angebauten Lebensmitteln; Ernteausfälle zogen unweigerlich Hungersnöte nach sich.
* Der menschliche Ernährungswandel führte durch die **Industrialisierung der Landwirtschaft**, die dadurch bedingte billigere Herstellung von raffinierten Kohlenhydraten und Fetten und die Urbanisierung erstmals zur Lebensmittelsicherheit. Gleichzeitig hat die körperliche Aktivität sowohl bei der Arbeit als auch in der Freizeit drastisch abgenommen.

▶ In der Steinzeit waren Fette und Zucker sehr rar. Infolgedessen war es evolutiv bedeutsam, diese als besonders schmackhaft zu empfinden, was wiederum das individuelle Streben nach mehr beinhaltete. Der steinzeitliche Vorteil erklärt heute zu einem guten Teil die Problematik der Adipositas. Denn die moderne Ernährung ist durch einen (zu) hohen Anteil an raffinierten Kohlenhydraten wie Zucker, an Fetten und Milchprodukten gekennzeichnet (Kap. 8).

Die natürliche Selektion ermöglicht es dem menschlichen Körper zwar, sich optimal an die aktuellen Lebensbedingungen anzupassen, verändern sich die Bedingungen jedoch zu schnell, wird dieser Mechanismus regelrecht ausgebremst.

4.3   Diabetes mellitus und Herz-Kreislauf-Erkrankungen

Ähnlich wie Adipositas stellt **Diabetes** ätiologisch eine außerordentlich heterogene Krankheitsgruppe dar. Dafür sprechen die klinisch unterschiedlichen Typen sowie die ethnische Variabilität der Häufigkeit und des Erscheinungsbildes. Diverse genetische Defekte können zur Glucoseintoleranz führen.

Wie Kopplungsanalysen und die Analyse von Kandidatengenen wie Insulingen, Insulinrezeptorgen, Glucose-Synthetase-Gen und Glucokinasegen zeigen, sind nur bei einem Teil der Diabetiker Mutationen für die Erkrankung verantwortlich. Für die evolutionäre Medizin bedeutsam ist der nichtinsulinabhängige Diabetes mellitus Typ II (NIDDM). Er ist die häufigste Diabetesform: Weltweit waren im Jahr 2000 151 Mio. Menschen erkrankt, 2010 sollen es bereits 221 Mio. gewesen sein. In Deutschland leben etwa 7,5 Mio. Betroffene.

Zudem nimmt das Erkrankungsalter bei dieser als **Altersdiabetes** bezeichneten Form ab. Zwillingsuntersuchungen bestätigen einen genetischen Einfluss und Assoziationen zwischen NIDDM und Genvarianten sind dokumentiert, wenngleich bisher keine weltweite Assoziation mit einem bestimmten Genotyp bestätigt werden konnte. Die deutliche exogene Komponente ergibt sich aber aus den steigenden Zahlen der Betroffenen, der Beobachtung, dass in Zeiten von Mangelernährung das Erkrankungsrisiko erheblich abnimmt, und der regionalen Korrelation mit der Wohlstandsentwicklung. Der Risikofaktor Adipositas spielt hier eine bedeutende Rolle.

Einige Risikofaktoren, die mit Diabetes Typ II assoziiert werden, verursachen bei gleichzeitigem Auftreten mehrerer Faktoren das **metabolisch-vaskuläre Syndrom** oder kurz Wohlstandssyndrom:

- bauchbetontes Übergewicht,
- Hypertonie,
- Hyperglykämie,
- Dyslipidämie.

Dieses Syndrom gilt als größter Risikofaktor für **Arteriosklerose**. Herz-Kreislauf-Erkrankungen sind in Deutschland mit gegenwärtig 42 % die häufigste Todesursache. Dies verdeutlicht den enormen Einfluss von Zivilisationskrankheiten – bedingt durch Änderungen der Umwelt und des Lebensstils – auf die menschliche Gesundheit.

4.4 Allergische Reaktionen

Ungeeignete Immunreaktionen bezeichnet man als allergische Reaktionen. Man unterscheidet **Autoimmunerkrankungen**, **Immunkomplex-Überreaktionen** und **anaphylaktische Reaktionen**. Auf Letztere soll hier spezifisch eingegangen werden, weil kaum eine Erkrankungsgruppe in den letzten Jahrzehnten derart an Bedeutung zugenommen hat. Mehr als jeder Dritte ist inzwischen in Westeuropa davon betroffen und Asthma ist bereits jetzt die häufigste chronische Erkrankung bei Kindern. In weniger entwickelten Weltregionen gibt es dagegen kaum Allergien und auch in den heute hochentwickelten Industrienationen war dieser Erkrankungskomplex, der bis zur Ausbildung eines allergischen oder anaphylaktischen Schocks mit akuter Lebensgefahr führen kann, bis vor einigen Jahrzehnten relativ bedeutungslos. Genetische Ursachen für vor allem **Pollen-, Tierhaar-** und **Hausstaubmilben-Allergien** wurden bisher nicht gefunden und ihre explosionsartige Zunahme spricht auch dagegen, dass es eine genetische Ätiologie gibt. Dennoch belegen viele Studien eine familiäre Häufung. Ist ein Elternteil Allergiker, so ist das Risiko für Kinder 20–40 %, sind beide Elternteile allergisch für verschiedene Allergene, liegt das kindliche Risiko bei 40–60 %, bei einer Überempfindlichkeit für das gleiche Allergen sogar bei 60–80 %. Ist ein Geschwister betroffen, so liegt das Wiederholungsrisiko bei 25–30 %. In Familien, bei denen keine Allergie bekannt ist, haben dagegen Kinder nur ein Risiko von 5–15 % im Laufe ihres Lebens an einer Allergie zu erkranken.

Die ursprüngliche Annahme, dass die Zunahme der Stoffvielfalt für die Allergien verantwortlich sein könnte, hat sich bisher nicht bestätigt, zumal die meisten Allergien von Faktoren ausgelöst werden, die schon immer in unserer Umwelt vorhanden waren. Daher verstärkt sich zunehmend die Ansicht, dass die verursachenden Prinzipien wohl eher solche sind, die wir aus unserer Umwelt durch

Effekte der Hochzivilisation verbannt haben. Diese Annahme wird gestützt durch die Tatsache, dass bei der anaphylaktischen Reaktion ausgelöst durch Umweltallergene als Antwort auf ein Antigen sich Antikörper der **Immunglobulin E (IgE)-Klasse** durch stimulierte Plasmazellen bilden. Normale Krankheitserreger werden dagegen durch die Immunglobuline M und G bekämpft, wogegen IgE-Antikörper eigentlich selten sind. Inzwischen ist bekannt, dass das Immunsystem IgE-Antikörper vor allem gegen tierische Parasiten, besonders **Würmer** entwickelt hat.

Auch heute noch sind über 3,25 Mrd. Menschen (Weltbevölkerung 2015 7,32 Mrd.) in weniger entwickelten Teilen der Welt von Würmern verschiedener Spezies befallen, also etwas weniger als 50 % der Weltbevölkerung. Gleichzeitig sind in diesen Gebieten, in denen Menschen stark von Parasiten befallen sind, Allergien selten.

Normalerweise sorgen regulatorische T-Zellen dafür, dass die Immunreaktion zurückgefahren wird, wenn die Co-Existenz – in diesem Fall mit den Parasiten – die bessere Lösung ist, als einen Feind zu bekämpfen, den man doch nicht los wird, weil er einfach zu groß ist. Dieser Mechanismus ist offenbar bei Allergien gestört. IgEs werden auf Schleimhautoberflächen sezerniert und Mastzellen damit besetzt. Es lagern sich zu viele IgE-Moleküle an Mastzellen an. Bindet nun Antigen an diese IgEs, dann schütten die stimulierenden Mastzellen Mediatoren wie Histamin aus. Dies führt dann zu Reaktionen wie Heuschupfen, Asthma, Juckreiz und Ekzemen. Allergikern fehlt die Fähigkeit, diese Immunreaktion zurückzufahren.

> ▶ Es kommt zu einer überschießenden Reaktion gegen neue Feinde in einer hygienischer angelegten Umgebung durch ein System, das eigentlich für Parasiten, insbesondere Würmer, evolutionär angelegt ist.

Dies ist ein Beleg dafür, dass sich das Immunsystem über viele Millionen Jahre gebildet hat, in welcher der Mensch eben unter schmutzigeren Bedingungen überleben musste.

4.5 Vitamin D und Laktasepersistenz

Da die meisten subhumanen Primaten dunkel pigmentiert sind und die Wiege der Menschheit Afrika ist, war wohl auch die ursprüngliche menschliche Population dunkel pigmentiert. Warum sind dann aber **Europide** und **Mongolide** heller pigmentiert?

> ▶ Nach einer plausiblen Hypothese stellt diese Hellerpigmentierung eine Adaption an eine geringere ultraviolette Einstrahlung in den Gebieten dieser beiden hauptethnischen Gruppen dar.

Für die Entstehung der unterschiedlichen Pigmentierung der Menschheit gibt es 4 recht unterschiedliche Hypothesen, die alle von der Tatsache ausgehen, dass die Empfindlichkeit der Haut für **UV-Strahlen** von deren Melaningehalt abhängig ist. Die erste Hypothese geht von einer natürlichen Selektion abhängig von der jeweiligen **Region** aus, wobei die Lichtverhältnisse und der UV-Anteil den selektiven Mechanismus darstellen. Melanin schützt die Haut vor UV-Strahlung und ist daher protektiv gegenüber Mutationen, die z. B. zu Hautkrebs führen können. Dies könnte ein selektiver Faktor sein, der in Regionen mit höherer Sonneneinstrahlung größere Bedeutung besitzt als in solchen mit niedrigerer Sonneneinstrahlung. Außerdem schützt Melanin die im Blut zirkulierende Folsäure vor UV-Strahlung. Folsäure ist in der Embryogenese und in der Spermienproduktion von Bedeutung und könnte bei Menschen mit niedrigerem Melaninanteil zu verminderter Fruchtbarkeit und höherer embryonaler Letalität führen. Und tatsächlich korreliert das geographische Verteilungsmuster der menschlichen Pigmentierung recht gut mit dem geographischen Verteilungsmuster der Sonneneinstrahlung.

Die zweite Hypothese geht von einer Entstehung der unterschiedlichen Pigmentierungsmuster durch **sexuelle Selektion** aus (Abschn. 6.2). Danach ist die frühe Kindheitsprägung für die Partnerwahl von Bedeutung. Dies könnte in Gebieten mit geringerem natürlichen Selektionsdruck gegen helle Pigmentierung zur Ausbildung der helleren Hautfarbe geführt haben, in dem Menschen mit hellerer Hautfarbe in diesen Gebieten sexuell bevorzugt wurden.

Die dritte und vierte Hypothese (s. u.), und diese erscheinen am wahrscheinlichsten, postulieren **Vitamin D** als den wahrscheinlichsten selektiven Faktor. UVB-Strahlung ist notwendig, um ProVitamin D in der menschlichen Haut zu Vitamin D umzuwandeln. Vitamin D wird zur Kalzifikation der Knochen benötigt. Eine geringe Verfügbarkeit führt zu **Rachitis.** Ein rachitisch verformtes Becken führt unter primitiven Lebensbedingungen häufig zum Tod von Mutter und Kind während der Geburt. Auch in Deutschland beschrieben die Gynäkologie-Lehrbücher am Anfang des vergangenen Jahrhunderts noch ausführlich diese Komplikation und Kinder in nördlicheren Breitengraden werden auch heute in den ersten beiden Lebensjahren mit Vitamin D substituiert. Eine mangelnde Vitamin-D-Versorgung ist also ein starker Selektionsdruck in Richtung hellerer Pigmentierung, da in hellerer Haut bei gleicher UV-Einstrahlung mehr ProVitamin D zu Vitamin D umgesetzt wird und heller pigmentierte Haut einen Selektionsvorteil besitzt. Diese Hypothese wird auch dadurch untermauert, dass Frauen generell eine hellere Hautfarbe als Männer haben, was sich durch den erhöhten Kalzium- und Vitamin-D-Bedarf während der Schwangerschaft und Stillzeit erklärt.

Die vierte Hypothese geht von einer **gene/culture co-evolution** aus und erweitert in gewissem Sinne die vorher beschriebene bzw. beschreibt eine Verstärkung der natürlichen Auslese beim Leben unter verschiedenen Umweltbedingungen. Sie geht von der großen Häufigkeit der Laktasepersistenz hauptsächlich in der Bevölkerung Nordwesteuropas aus. Die meisten Menschen können den Milchzucker Laktose nur so lange verdauen, wie sie durch Muttermilch ernährt werden. Danach verlieren sie die Fähigkeit durch die genetisch determinierte Verminderung der Aktivität des Enzyms Laktase, das im Dünndarm die Laktose verdaut. Die überwiegende Mehrheit aller Menschen nordwesteuropäischer Abstammung behält die Fähigkeit, Laktose zu verdauen, lebenslang (Abb. 4.1). Während die meisten Negriden und Mongoliden nach Milchgenuss unter Durchfällen und anderen Beschwerden leiden, können Nordwesteuropäer ohne Verdauungsbeschwerden Milch trinken. Nur etwa die Hälfte der Südeuropäer und sehr wenige Individuen anderer Bevölkerungen tragen diese Mutation. Auch in einigen wenigen, relativ kleinen Bevölkerungsgruppen Afrikas und Asiens ist diese Mutation vorhanden. Inzwischen ist es gelungen einen aus über einer Mio. Basenpaaren bestehenden Haplotyp zu identifizieren, der mit der **Laktase-Persistenz** in Verbindung gebracht werden konnte. Aus der Länge dieses Haplotyps schlossen die Wissenschaftler, dass dieser noch relativ jung sein muss und erst vor 5000 bis 10.000 Jahren einem selektiven Druck ausgesetzt wurde. Der genetische Ursprung ist bei den meisten Nordeuropäern ein einziger **single nucleotid polymorphism**, also ein einziger Nucleotidaustausch auf dem Laktase-Gen. Dieses Allel wird in den afrikanischen Populationen nicht gefunden, was dort auf einen anderen Mechanismus der Laktase-Persistenz-Entstehung schließen lässt. Das Auftreten in Nordwesteuropa kann man zeitlich ungefähr mit der Domestikation des Rindes in Zusammenhang bringen und so könnte man diese Mutation mit der Milchwirtschaft in diesen Gebieten in Verbindung bringen und daher einen Selektionsvorteil für die Mutation zur Erhaltung der Laktaseaktivität postulieren. In Nordwesteuropa gab es jedoch wohl nie eine Zeit, während der die Bevölkerung hauptsächlich auf Milch als Eiweiß- oder Flüssigkeitsquelle angewiesen gewesen wäre, und es ist auch bekannt, dass Milch schon früh zu Milchprodukten verarbeitet wurde, was dann auch bei Laktose-Intoleranz kein Problem mehr bereitet. Daher könnte auch hier nach einer anderen Hypothese **Rachitis** von Bedeutung sein. Die Absorption von Galaktose und Glucose, in welche die Laktose durch Laktase gespalten wird, fördert auch die Resorption von Kalzium, was wiederum antirachitisch wirkt. Insofern könnten Laktasepersistenz und Entstehung der helleren Hautfarbe in nördlicheren Breitengraden durch die erwähnten Mechanismen und vielleicht in Zusammenhang mit dem in Abschn. 1 erwähnten möglichen Alleltransfer vom Neandertaler ein hei-

Abb. 4.1 Kuhmilch und die Besiedelung in Gebieten schwacher Sonneneinstrahlung. (Bild: Sigrid Göhner-Buselmaier)

misch werden von Homo sapiens in nördlicheren Regionen ermöglicht haben. Die notwendige Substitution mit Vitamin D in den ersten beiden Lebensjahren verdeutlicht aber auch die Notwendigkeit der Beachtung unserer evolutionären Herkunft (Tab. 4.1).

Tab. 4.1 Übersicht: Physiologische Beispiele für den Konflikt zwischen evolutionärer Anlage und heutigen Auswirkungen

	Hypertonie	Adipositas	Diabetes mellitus Typ II	Herz-Kreislauf-Erkrankungen	Allergien	Hautpigmentierung
Probleme	Jeder 2. Erwachsene mit Bluthochdruck	Übermäßige Vermehrung des Gesamtfettgewebes	Weltweit 221 Mio. Menschen betroffen, Tendenz steigend	Arteriosklerose	Anaphylaktische Reaktionen	Rachitis
Ursache	Renin-Angiotensin-System bei heutiger Ernährungsweise überaktiv	Energieaufnahme (vor allem durch Fette und Zucker) und -verbrauch im Ungleichgewicht	Korrelation mit Wohlstandsentwicklung, vor allem Adipositas	Adipositas, Hypertonie, Hyperglykämie, Dyslipidämie	Immunglobulin-E-Sezernierung	Vitamin D bei dunkler Pigmentierung in nördlichen Breitengraden

Unterschiedliche Geschwindigkeiten der Evolution und Pathogen-Wirt-Korrelation

Wie bereits mehrfach erwähnt, sind Mutation und natürliche Selektion die Taktgeber der Evolution und Mutationen die Voraussetzung für Selektion. Die Mutationsraten menschlicher Gene liegen in der Größenordnung zwischen 10^{-4} und 10^{-6} oder noch darunter. Bei Bakterien ist das nicht anders. Da dieser Wert pro Generation gemessen wird, bezieht er sich beim Menschen auf ca. 33 Jahre, bei Bakterien unter idealen Wachstumsbedingungen auf ca. 20 min. Deshalb erreichen Prokaryoten im gleichen Zeitraum ganz andere **Populationsgrößen**. Außerdem stehen der sexuellen Neukombination bei Eukaryoten parasexuelle Vorgänge bei Prokaryoten gegenüber und damit quasi ein **horizontaler Gentransfer**. Die Folge:

▹   Die menschliche Evolution läuft sehr viel langsamer ab als die seiner pathogenen Konkurrenten.

Lange hatte man gehofft, der medizinische Fortschritt und der Einsatz von Impfungen und Antibiotika würden dem Mensch einen entscheidenden Vorteil im „Wettstreit" mit seinen Pathogenen verschaffen, und Infektionskrankheiten würden eines Tages keine große Rolle mehr spielen. Doch bei den Infektiologen hat sich Ernüchterung breitgemacht: Von 1940–2004 sind 325 Infektionskrankheiten neu entstanden bzw. wieder aufgetreten. Hauptgründe hierfür sind:

• veränderte Landnutzung oder landwirtschaftliche Methoden, etwa industrielle Massentierhaltung,
• schlechter Gesundheitszustand von Populationen (vor allem in den Entwicklungsländern),
• Krankenhäuser und medizinische Verfahren (Hospitalkeime und Antibiotika),
• Pathogenevolution, wie z. B. antimikrobielle Arzneimittelresistenz oder erhöhte Virulenz,

© Springer Fachmedien Wiesbaden 2015
W. Buselmaier, *Evolutionäre Medizin*, essentials,
DOI 10.1007/978-3-658-10760-4_5

- kontaminierte Nahrungsquellen oder Wasservorräte,
- internationaler Reiseverkehr,
- Versagen öffentlicher Gesundheitsprogramme,
- internationaler Handel,
- Klimawandel.

Diese Aufzählung belegt den großen Einfluss des menschlichen Handelns selbst auf das neue Auftreten menschlicher Pathogene. So hat z. B. die moderne Medizin großen Einfluss auf das Ausmaß der Resistenzbildung bei Bakterien: Der Einsatz von Antibiotika beschleunigt die Selektion. **Nosokomialkeime**, also antibiotikaresistente im Krankenhaus erworbene Keime bereiten Kliniken große Probleme – in den Industrienationen liegt die Infektionsrate bei ca. 7 % aller Patienten.

In der industriellen Massentierhaltung bedingen mangelnde Hygiene und das hohe Stressniveau, dem die Tiere ausgesetzt sind, eine rapide Ausbreitung von Pathogenen. Ein bekanntes Beispiel hierfür ist die 1996 erstmals aufgetretene **Vogelgrippe**, verursacht durch das Virus H5N1.

2011 führte der Verzehr von aus ägyptischen Bockshornkleesamen gekeimten Sprossen, die mit großer Wahrscheinlichkeit mit enterohämorrhagischen *E. coli* (EHEC) kontaminiert waren, in der Gastronomie schließlich zu einer Erkrankungswelle mit insgesamt 4321 Fällen. Die am schlimmsten betroffenen Patienten erkrankten an **hämolytisch-urämischem Syndrom** (HUS). Innerhalb weniger Wochen verstarben 50 Patienten (Tab. 5.1).

Tab. 5.1 Übersicht: Zahlen zur EHEC-Epidemie in Deutschland 2011

Kategorie	Fallzahl (davon Todesfälle)
EHEC-Infizierte	3043 (17)
Infektionen mit nichterfülltem klinischem Bild	424 (1)
Patienten mit HUS	
Erkrankungen	732 (28)
Verdachtsfälle	120 (4)
Summe	4321 (50)

Was Selektion formt

6

Selektion, also Auslese bzw. Auswahl, ist der zentrale Mechanismus der **adaptiven Evolution**. Durch sie wird die nichtzufällige Veränderung der Zusammensetzung eines Genpools einer Population durch unterschiedlich erfolgreiches Fortpflanzen von Trägern unterschiedlicher Allele erreicht. Entscheidend ist dabei der Fortpflanzungserfolg.

▷ Selektion begünstigt die Reproduktion, nicht die Gesundheit.

6.1 Natürliche Selektion

Wie Charles Darwin erkannte, sorgt die natürliche Variabilität der Phänotypen innerhalb einer Population dafür, dass einige Individuen bessere Überlebens- und Reproduktionschancen haben. Deren Nachkommen erreichen das fortpflanzungsfähige Alter ebenfalls mit größerer Wahrscheinlichkeit usw. Dabei ist die **selektiv wirkende Kraft** die **Umwelt**. Sie ist der zentrale Prozess, durch den Organismen an ihre jeweilige Umwelt angepasst werden, weshalb Darwin den Begriff der **natürlichen Selektion** eingeführt hat.

Die später von Herbert Spencer 1864 hinzugefügte Metapher **„survival of the fittest"** ist dagegen irreführend. Die natürliche Selektion erhöht zwar die Anzahl günstiger Allele über die Generationen (**positive Selektion**) und verringert die Häufigkeit schädlicher Allele (**negative Selektion**). Doch dafür ist nicht das Überleben ausschlaggebend, sondern ausschließlich der Reproduktionserfolg. Folglich beschreibt der Ausdruck „the fittest" nicht das stärkste und gesündeste Individuum, sondern das mit dem größten Fortpflanzungserfolg.

© Springer Fachmedien Wiesbaden 2015
W. Buselmaier, *Evolutionäre Medizin*, essentials,
DOI 10.1007/978-3-658-10760-4_6

> Solange Lebensdauer und Gesundheit keinen negativen Effekt auf den Fortpflanzungserfolg haben, werden sie von der natürlichen Selektion nicht beachtet, sind sie selektionsneutral. Entscheidend sind ausschließlich die Lebensfähigkeit, die Lebensdauer und die Fruchtbarkeit der Keimzellen.

Bleibt noch zu erörtern, was die Einheit der Selektion ist, woran sie angreift. Bisher gingen wir davon aus, sie greife am Individuum, am Phänotyp an. Lange Zeit galt jedoch die Gruppenselektion als höhere Selektionseinheit. Diese sollte **altruistisches Verhalten** des Menschen erklären. Gruppenselektion bedeutet: Das Genom eines Individuums bestimmt nicht nur dessen eigene Fitness, sondern wirkt sich in Populationen über soziale Interaktionen auch auf benachbarte Individuen aus, sodass sich deren Überlebenschancen vergrößern oder verringern. Gruppenselektion allein erscheint jedoch als relativ schwache Kraft und die verhaltensbiologischen Argumente hierzu, die auf Beobachtungen herdenbildender Tiere beruhen, weitgehend widerlegt.

Besser lässt sich altruistisches Verhalten erklären, wenn die Nachbarn innerhalb einer Gruppe miteinander verwandt sind. Dies beschreibt das Konzept der **Verwandtenselektion**: Verwandte Organismen tragen teilweise die gleichen Gene. Unter diesen Umständen bestimmt nicht nur die individuelle Fitness den Gesamtbetrag der Gene eines Individuums zu den Folgegenerationen, sondern auch die Wirkung des Individuums auf die Verwandten:

Durch Schutz von Verwandten lässt sich ein größerer Anteil eigener Gene an die nächste Generation vererben, als dies durch die Fitness eines einzelnen Individuums möglich wäre. Eine Mutation, die zusätzlich verwandte Genome mit der gleichen Mutation schützt, setzt sich also schneller durch. Die Theorie der Verwandtenselektion ergänzt die individuelle Fitness also durch eine **inklusive Fitness** und bietet somit eine Erklärung, warum altruistisches Verhalten einen Selektionsvorteil mit sich bringen könnte.

Noch schlüssiger kann das Konzept **egoistischer Gene** den evolutionaren Sinn altruistischen Verhaltens in Bezug auf die Verwandtenselektion erklären. Richard Dawkins hat es 1976 in seinem Buch „The Selfish Gene" eingeführt. Es definiert die wahre Selektionseinheit und damit die Abstammungslinie der Organismen. Rekapitulieren wir: Bisher galt der Phänotyp des Individuums als Selektionseinheit – er soll durch verbesserte Anpassung die Abstammungslinie der Organismen begünstigen. Nach Dawkins Theorie sind jedoch die Gene die wahren Begünstigten, da sie den Phänotyp erzeugen und abhängig von dessen Angepasstheit überleben oder auch nicht.

Abb. 6.1 Ist der Mensch
eine Marionette seiner
egoistischen Gene? (Aus
Buselmaier 2015)

▷   Gene sind die permanenten Replikatoren. Phänotypen sind nur tempo-
     räre, generationsbezogene „Vehikel", oder „Überlebensmaschinen", die
     durch den Zusammenschluss der Gene geformt werden.

Anpassung dient also dazu, die Überlebenswahrscheinlichkeit des Gens zu erhöhen, unabhängig vom Überleben des Individuums oder der Gruppe, die das Gen
trägt. Überspitzt könnte man also fragen, wie dies der Autor vor Jahrzehnten bei
seiner Antrittsvorlesung als Privatdozent formuliert hat: „Sind wir die Marionetten
unserer Gene?" (Abb. 6.1).
     Meistens stimmen die Interessen der Gene und ihrer „Vehikel" überein. Ist dies
jedoch nicht der Fall, reduziert der Organismus seine Fitness, um durch altruistisches
Verhalten im Sinne der Verwandtenselektion das Überleben der Gene zu sichern.
     Egoistische Gene sind auch die Ursache für den intragenomischen Konflikt.
Die Meiose stellt sicher, dass sich Gene von ihren Gen-Nachbarn auch wieder be-
freien können. Überträgt man den Gedanken in die moderne Molekularbiologie,

so sind Transposons (springende genetische Elemente, die sich in unterschiedliche Bereiche des Genoms integrieren können) die häufigste Klasse eigennütziger genetischer Elemente.

6.2   Sexuelle Selektion

Die natürliche Selektion erreicht den höheren Fortpflanzungserfolg eines bevorzugten Phänotyps meist indirekt. D. h., der Effekt der erfolgreicheren Keimzellen kommt durch höhere Tauglichkeit in anderen Lebensbereichen zum Tragen. Dagegen setzt die sexuelle Selektion direkt am Begattungserfolg und damit am Fortpflanzungserfolg an.

Bereits Darwin erklärte mithilfe der sexuellen Selektion den **sekundären Geschlechtsdimorphismus**. Beim Menschen führt die sexuelle Selektion zwar nicht zur Bildung „exzessiver Strukturen" wie Geweih oder Löwenmähne. Und doch erinnert der direkte Konkurrenzkampf um den gewünschten Reproduktionspartner und das damit häufig verbundene Imponiergehabe auch an unsere genetische Ausstattung aus der Jäger- und Sammlerzeit: Auch wir wählen unsere Partner nicht nur anhand vergleichbarer Intelligenz, passender Körpergröße, charakterlicher Eigenschaften und dergleichen aus. Von der sexuellen Selektion profitiert die Werbebranche sicherlich genauso wie die Modeindustrie. Statt Löwenmähne haben wir Autos oder durch Bodybuildingstudios geformte körperliche Attraktivität (Abb. 6.2).

In jeder Generation findet also eine intensive Selektion statt, um durch eine gesteigerte Wettbewerbsfähigkeit den Reproduktionserfolg zu erhöhen. Deshalb wird die sexuelle Selektion häufig zur Erklärung schnell entwickelnder Merkmale herangezogen.

> ➤   Sexuelle Selektion basiert auf der Variabilität der sekundären Geschlechtsmerkmale und verstärkt den Geschlechtsdimorphismus. Sie trägt zur Verstärkung der natürlichen Selektion bei.

6.3   Selektion formt keine perfekten Organismen

In Kap. 3 wurden anatomische Beispiele dafür aufgeführt, dass der Mensch, wie jede andere heutige Spezies auch, von einer langen Reihe altertümlicher Formen abstammt. Somit schleppen auch wir die Anatomie unserer Ahnen mit uns. Alte Strukturen werden an immer neue Herausforderungen angepasst, der Organismus sozusagen im laufenden Betrieb umgebaut.

Abb. 6.2 Ohne Kommentar. (Aus Buselmaier 2015)

Selektion kann nur auf etwas einwirken, was bereits vorhanden ist. Sie ist ein stufenweiser Vorgang, bei dem sich Dinge allmählich addieren, wobei jede kleine Veränderung einen unmittelbaren Vorteil bieten muss. Sie ist nicht zu großen revolutionären Umwälzungen in der Lage. Es kann nicht alles Vorherige über Bord geworfen und in einem innovativen Prozess etwas völlig Neues erfunden werden.

Organismen sind auch Bündel von Kompromissen, für vielfältige Aufgaben geformt. Ingenieure würden heute für einzelne, getrennt betrachtete Aufgaben vielleicht bessere Einzellösungen finden. Man stelle sich Roboter vor mit ähnlicher mechanischer Geschicklichkeit wie der Mensch. Diese wären nicht anfällig für Knochenbrüche, Verstauchungen, Bänderdehnungen und Verrenkungen. Sie könnten aber nicht zusätzlich komponieren, singen, lesen und Kinder bekommen.

Nicht jeder Evolutionsschritt ist adaptiv. Der Zufall hat sich auf die genetische Struktur von Populationen vermutlich stärker ausgewirkt, als man einst glaubte. Naturkatastrophen haben immer wieder den Genpool ohne Richtung verändert. Viele Allele sind dadurch schlicht verlorengegangen und die übriggebliebenen haben die Selektion in eine andere Richtung getrieben.

Selektion kann nur an den verfügbaren Phänotypen ansetzen und die am besten angepassten Varianten begünstigen. Das müssen aber nicht unbedingt ideale Merkmale sein. Neue Allele entstehen eben nicht nach Bedarf.

Wir können also nicht erwarten, dass die Evolution vollkommene Lebewesen hervorbringt. Die natürliche Selektion basiert auf der Basis: „besser als vorhanden".

Veränderungen unseres Genoms durch medizinisches Handeln und Veränderungen in der menschlichen Gesellschaft

7

Die Häufigkeit von Genen und Erbkrankheiten in verschiedenen Bevölkerungen ist in einer Reihe von gut bewiesenen Fällen abhängig von natürlichen Selektionsmechanismen in der Vergangenheit. Veränderungen von Genhäufigkeiten durch den raschen Wandel von modernen Gesellschaften und dem damit verbundenen medizinischen Fortschritt sind zu erwarten, weil der natürliche Selektionsdruck nachlässt oder wegfällt oder weil medizinische Möglichkeiten eine Reproduktion von Vertretern in der Gesellschaft zulässt, die in der Vergangenheit von der Reproduktion ausgeschlossen waren.

 ﹥ Dies wird sowohl zur Verminderung als auch zur Vermehrung von Genhäufigkeiten führen.

Hierbei stellt sich die Frage nach der Geschwindigkeit solcher Veränderungen. Die Beantwortung soll hier in Ansätzen und an Beispielen versucht werden, wobei die beschriebenen Beispiele an einzelnen Genen belegen, dass selbst durch den Menschen, z. B. durch genetische Beratung und pränatale Diagnostik, herbeigeführtes Ausschalten von Selektion kaum zu raschen Veränderungen in für uns überschaubaren Zeiträumen führt.

7.1 Verminderung von Genhäufigkeiten

Das **Sichelzellgen (HbS)**, das zur Sichelzellanämie, dem klassischen Beispiel für eine genetische Erkrankung, führt, ist in den meisten schwarzafrikanischen Bevölkerungen häufig. Durch eine Mutation der Hämoglobin-β-Kette im homozygoten Zustand, wenn also beide Allele mutiert sind, kommt es zu einer hämolytischen Anämie und verschiedenen anderen Krankheitszeichen. Durch die schwere Behin-

© Springer Fachmedien Wiesbaden 2015
W. Buselmaier, *Evolutionäre Medizin,* essentials,
DOI 10.1007/978-3-658-10760-4_7

derung der Homozygoten haben sich diese fast niemals fortgepflanzt. Trotz eines Selektionsnachteils der Homozygoten und obwohl die Mutationsrate des Genlocus nicht erhöht ist, wurde das Gen in den beschriebenen Populationen häufig. Dies beruht auf dem bekannten Selektionsvorteil der Heterozygoten, also von Trägern nur eines Defektallels dieser autosomal-rezessiv erblichen Krankheit, gegen **Malaria tropica**. Wegen der schlechteren Vermehrungsfähigkeit der Malaria-Plasmodien (***Plasmodium falciparum***) in den sichelzellförmigen Erythrozyten hat die Heterozygotie Kinder – und in endemischen Gebieten erkranken am häufigsten die Kinder – vor schweren klinischen Formen dieser Erkrankung geschützt. Heute ist die Heterozygotie für das Sichelzellgen wegen des Rückgangs der Malaria tropica eher ein Selektionsnachteil. Wegen der deutlichen Verminderung des selektiven Faktors wird sich die Genhäufigkeit in Zukunft vermutlich vermindern, wobei hier Zeiträume auch wegen des Auftretens neuer behandlungsresistenter Stämme schwer abschätzbar sind.

7.2   Vermehrung von Genhäufigkeiten

Das Paradebeispiel ist hier die X-chromosomal-rezessiv vererbte **Rot-Grün-Blindheit** bei ursprünglichen Populationen im Vergleich zu technisch hochentwickelten Industriegesellschaften. Eskimos, australische Ureinwohner, Einwohner der Fidschi-Inseln, nord- und südamerikanische Ureinwohner u. a. haben eine Häufigkeit unter Männern von 2 % für alle Typen der Rot-Grün-Blindheit. In Industriegesellschaften liegt die Häufigkeit bei ungefähr 8 %. Im Jäger- und Sammlerstadium ist Rot-Grün-Blindheit sicher ein Handicap für das Überleben, das in mehr städtisch geprägten Populationen nicht existiert. Auch wenn diagnostische Fehler bei der Untersuchung der ursprünglichen Populationen bei diesem Vergleich nicht ganz ausgeschlossen werden können, so hat der weitgehende Wegfall des natürlichen Selektionsdruckes offensichtlich zu einem Anstieg geführt. Ähnliche Untersuchungen gibt es für Refraktionsanomalien, Hörschärfe und anderes. Dass bei diesen Beispielen ein messbarer Anstieg zu verzeichnen ist, mag allerdings auch daran liegen, dass gegen diese genetischen Varianten der natürliche Selektionsdruck auch von Anfang an relativ gering war, sodass entsprechende Träger auch von vorne herein recht häufig waren.

Generell ändern sich Genhäufigkeiten nur sehr langsam, sodass der Effekt häufig überschätzt wird. Dies zeigt das Beispiel der autosomal-rezessiv erblichen **Phenylketonurie**, eine Erkrankung, die mit einer Häufigkeit von einem Erkrankten auf 10.000 Geburten vorkommt. Die Heterozygotenhäufigkeit, also die Häufigkeit der gesunden Träger eines rezessiven Allels liegt bei 2 %. Träger dieser Krankheit

haben einen genetischen Block. Ihnen fehlt Phenylalanin-Oxidase, sodass Phenylalanin nicht in Thyrosin umgewandelt werden kann. Phenylalanin geht infolgedessen durch Transaminierung in Phenylbrenztraubensäure (Phenypyruvat) über.
Das Gen ist auf den langen Arm des Chromosoms 12 lokalisiert. Die Stoffwech-
selstörung führt schon im Säuglings- und Kleinkindalter zu schweren irreversiblen
Hirnschädigungen und zu geistiger Retardierung mit einem IQ von selten über 20.
Träger dieser Krankheit lassen sich durch einen Test, der in Deutschland und vielen anderen Ländern im Rahmen des routinemäßigen Neugeborenen-Screenings
durchgeführt wird, erkennen. Kindern wird dann – und dies ist eine der wenigen
therapierbaren Ausnahmen schwerer Gendefekte – durch eine strenge Diät die zum
Wachstum gerade notwendige Menge an Phenylalanin (aber kein Überschuss!) ver-
abreicht und so die Hirnschädigung vermieden. Die Diät führt, wenn sie möglichst
früh nach der Geburt einsetzt und mindestens bis zum 14. Lebensjahr konsequent
eingehalten wird, zu einer völlig normalen geistigen Entwicklung und damit zur
vollen Teilnahme aller Homozygoter an der Fortpflanzung. Berechnungen haben
hier ergeben, dass eine Verdopplung der Genhäufigkeit, also von 2 auf 4 %, nach
36 Generationen zu erwarten wäre. Seit Christi Geburt und damit seit Beginn der
neuen Zeitrechnung ist aber erst eine Folge von etwa 60 Generationen vergangen.

▶   Generalisiert zeigt dieses Beispiel die Stabilität unserer genetischen
      Herkunft.

Ernährung gestern und heute 8

8.1 Die Ernährungsumstellung

Die modernen Massenkommunikationsmittel haben seit Jahren Essen als beliebtes Unterhaltungsangebot entdeckt. Zu keiner Zeit gab es so viele Kochshows, Berichte über Sternekochs und Gourmetrestaurants wie heute. Auch Großarenen werden durch Kochshows gefüllt, Sterneköche erreichen Pop-Star-Charakter. Nach dem Besuch oder Fernsehkonsum essen die Leute dann ihre Fertigpizza, den Döner oder Burger. Der theoretische Unterhaltungswert ist also hoch, die gelebte Realität eher ernüchternd. Neu in den Charts der Ernährung sind Steinzeitrestaurants. Paläolithisch heißt dort die Form der Essensangebote oder Steinzeit-Diät. Die Devise ist: Essen und Abnehmen. Tabus in diesen Restaurants sind Zucker, Kartoffeln, Reis, Nudeln und Brot, angesagt sind Fleisch, Fisch, Gemüse, Beeren und Nüsse. In mehr oder weniger krassem Gegensatz dazu steht die ständige Zunahme der überzeugten Vegetarier und Veganer, die aus ethischen Gründen den Konsum unserer industriell erzeugten tierischen Proteine und Fette in Massentierhaltung ablehnen. Ganz zu schweigen von der Hysterie um Gen-Food oder Chlor-Hühnchen, auf die einzugehen sich der Autor erspart.

Da unser Genom und damit auch die Verwertung von Nahrung an das Paläolithikum angepasst ist und der Mensch vor ca. 10.000 Jahren vom Jäger und Sammler zum Bauern wurde, muss man fragen, was sich seitdem grundlegendes in unserer Ernährung geändert hat und warum ein Zusammenhang mit vielen chronischen Krankheiten, den sog. „Zivilisationskrankheiten" besteht, der eben vorher nicht existiert hat.

Der Ausgangspunkt war also das „Sesshaft werden". So begann der **Getreideanbau** 8000 v. Chr., wobei man ursprünglich Getreide grob gemahlen und mit Wasser zu Brei vermischt zu sich nahm. **Brot** ist in Ägypten zwischen 2860 und 1500 v. Chr. entstanden und gelangte über Griechenland und das Römische Reich nach

© Springer Fachmedien Wiesbaden 2015
W. Buselmaier, *Evolutionäre Medizin*, essentials,
DOI 10.1007/978-3-658-10760-4_8

Europa. In etwa in die gleiche Zeitspanne wie der Getreideanbau fällt die Domestikation des **Rindes**. Allerdings mag wohl die Milch der Rinder über relativ lange
Zeit nur der Aufzucht der Kälber gedient haben. Die Selektion zur Milchkuh dürfte
einen sehr langen Zeitraum in Anspruch genommen haben. Die Domestikation des
Huhns erfolgte 4000 v. Chr. in Indien und Südostasien aus dem Bankarvia-Huhn,
seine Selektion zum Eierproduzenten ist entsprechend weit jünger. Domestizierter
Reis entstand 7000 bis 6000 v. Chr. in Südchina und unsere jüngsten Nahrungs-
mittel **Kartoffeln** stammen aus den Anden Südamerikas, genauso wie **Tomaten**,
Bohnen, Paprika und **Mais**. Das Auftreten der Kartoffel in Europa ist erstmals
1570 in Spanien belegt. **Nudeln** gibt es in Europa seit der griechischen Antike. Die
älteste Nudelfabrik Deutschlands entstand 1793. Das **Zuckerrohr** kam mit den
Kreuzrittern im 11. Jahrhundert aus dem nahen Osten nach Mittel- und Nordeuropa
und war ein rares Gut, den Königen und Fürsten vorbehalten. Dass die **Zuckerrü-
be** den gleichen Zucker wie Zuckerrohr enthält, wurde 1747 entdeckt, womit sie
zum Konkurrenten des Zuckerrohrs wurde. Die erste Zuckerrübenfabrik entstand
1801 und als tägliches Bedarfsgut hat sich Zucker erst ab 1850 entwickelt.

Dies mag verdeutlichen:

> Ein großer Anteil unserer heutigen Grundnahrungsmittel ist noch sehr
> jung und hat schlichtweg mit den Ernährungsgrundlagen, nach denen
> unser Genom aufgebaut ist und wofür unsere Zellen als die umsetzen-
> den chemischen Fabriken konstruiert sind, wenig zu tun.

Nun können über 7 Mrd. Menschen der heutigen Welt nicht jagen und sammeln
und das heutige Nahrungsangebot ist Grundlage der gegenwärtigen Welternährung.

8.2   Die Entwicklung des Gehirns

Und doch war es wahrscheinlich die Jagd, die uns zum Menschen machte. Der
Beginn der letzten Eiszeit liegt 2,5 Mio. Jahre zurück. Durch Temperaturwech-
sel waren unsere Vorfahren in der Hominiden-Evolution möglicherweise zur Jagd
gezwungen was Einfluss auf die **Gehirn-Volumen-Zunahme** hatte. Es mussten
nämlich effektive Jagdtechniken entwickelt werden und **Fleischverzehr** war zum
Überleben notwendig. Gleichzeitig entwickelte sich eine effektivere Ernährungs-
weise durch **Braten** und **Kochen** (vor 1,8 Mio. Jahren), was Teile des Verdauungs-
prozesses durch Aufschluss der Nahrung außerhalb des Körpers verlagerte. Unser
Darm verkleinerte sich in den letzten 2 Mio. Jahren, er wurde 900 g leichter, als
es unser Körpergewicht und die Körpergröße verglichen mit anderen Säugetieren

erwarten ließen. Die ersparte Energie hat die Evolution in die Hirnentwicklung investiert. Während Schimpansen und Vorfahren in der Hominiden-Entwicklung, die Australopithezinen, noch ein Hirnvolumen von 450 ccm haben bzw. hatten, besitzt der moderne Mensch 1300 bis 1400 ccm und hat damit ein 9-mal so großes Gehirn wie andere Säugetiere unserer Größe. Durch diese Größe verbraucht es 20 % der Nahrungsenergie, 15 % des Sauerstoffs und 40 % des Blutzuckers. Diesen Energieaufwand von ungeheurem Ausmaß hat die Evolution nur investiert, weil es offenbar von Vorteil war, indem die Gene so optimaler weitergegeben werden konnten. Vegetarier mögen diesen Schluss verzeihen, er entspricht der gängigen anthropologischen Lehrmeinung:

> Die Entstehung des modernen Menschen wurde durch Fleischkonsum und den Aufschluss der Nahrung durch Braten und Kochen ermöglicht, was eine Darmverkleinerung zuließ.

8.3 Nahrungsbestandteile in der Steinzeit und heute

Tabelle 8.1 gibt einen vergleichenden Überblick über die Bestandteile der Nahrung des Steinzeitmenschen aus paläoanthropologischen Untersuchungen und heutigen Empfehlungen.

Bemerkenswert ist, dass die Ernährung im Paläolithikum offenbar einen höheren Proteinanteil hatte und der Fett- und Kohlenhydratanteil lag eher im unteren Bereich der heutigen Empfehlungen. Moderne Ballaststoffempfehlungen gehen von 25 g pro Tag aus. Ihr Anteil lag in der Vergangenheit durch Wildfrüchte und Gemüse deutlich höher. Der heutige Fettanteil ist durch den Genuss von Milchprodukten, Margarine, Backwaren und teilweise fettem Fleisch höher an ungünstigen gesättigten Fettsäuren und schädlichen Transfettsäuren, die durch industrielle Härtungsverfahren für Pflanzenöl (Backfett und Margarine) in unsere Nahrung

Tab. 8.1 Übersicht: Prozentuale Verteilung von Protein, Fett und Kohlenhydraten in der Steinzeit-Diät und heute

	Steinzeitdiät (%)	Empfehlung der Deutschen Gesellschaft für Ernährung (%)	Europäische Behörde für Lebensmittelsicherheit (%)
Protein	30–33	15	15
Fett	21	30	20–35
Kohlenhydrate	46	55	45–60

gelangen. Besonders wichtig sind die gesünderen ungesättigten Fettsäuren Omega-6 und Omega-3. Hier lag das Verhältnis früher bei 2:1 bis 3:1, heute bei 10:1 bis 15:1. Verantwortlich für die Verschiebung sind die größeren Mengen an Pflanzenöl und bei Tieren die Getreidefütterung, die gegenüber der Weidehaltung zugenommen hat. Sowohl Omega-6- als auch Omega-3-Fettsäuren kann der Mensch nicht selbst produzieren. Die gesunden Omega-3-Fettsäuren sind besonders konzentriert in Fisch. Die **Vitaminzufuhr** war zu Zeiten der Jäger und Sammler kein Problem und ist es auch heute bei ausgewogener Ernährung nicht, zumal viele Lebensmittel Vitamin angereichert sind, was aber eher einem Modetrend, als einer Notwendigkeit zugerechnet werden kann. Die Problematik raffinierter Kohlenhydrate wurde bereits in Kap. 4 angesprochen. Zucker war in der Steinzeit sehr rar, weißes Mehl, geschälter Reis und Kartoffeln nicht vorhanden. Hierdurch nehmen wir viel weniger komplexe langkettige Kohlenhydrate zu uns, wie sie in Obst und Gemüse vorhanden sind. Die Folge ist, dass ein großer Anteil unseres Energiebedarfs durch Zucker und einfache Kohlenhydrate gedeckt wird (ca. 40 %), die sehr schnell zu Glucose umgewandelt werden. So empfiehlt die WHO, dass nicht mehr als 5 % des Energiebedarfs über Zucker gedeckt werden sollte, was bei einem normalgewichtigen Erwachsenen etwa 25 g/Tag entspricht. Tatsächlich liegt der Verbrauch bei 90 g/Tag, auch durch „versteckte" Aufnahme über Lebensmittel bzw. Süßgetränke. Ähnlich verhält es sich mit der Kochsalzaufnahme. Evolutionär sind unsere Nieren an eine Aufnahme von bis zu 1 g/Tag adaptiert. Die tägliche durchschnittliche Kochsalzaufnahme in der Gesamtbevölkerung beträgt aber 8–12 g/Tag.

Obwohl die stetige Zunahme der durch Wohlstand bedingten Volkskrankheiten durch viele Studien belegt ist und viele Zusammenhänge von Ernährung und Risikofaktoren pharmakologisch geklärt sind, hat sich trotz intensiver Aufklärung das Ernährungsverhalten der deutschen Bevölkerung und wohl auch der meisten Industrienationen in den letzten 10 Jahren nicht nachhaltig verändert. Zugegebenermaßen hat auch der Einzelne wenig Einfluss auf die Zusammensetzung unserer designten Lebensmittel, wie das hinlänglich bekannte Beispiel des Zuckers zeigt. Auch das immer wieder vorgebrachte Argument, dass unsere heutige Lebenserwartung dennoch mit der des Steinzeitmenschen nicht vergleichbar ist, ist überwiegend dem medizinischen und hygienischen Fortschritt zu verdanken und nicht unbedingt der Qualitätssteigerung von Lebensmitteln.

> Daher erscheint es sinnvoll daran zu erinnern, für welchen Spielraum unseres wörtlich „guten Geschmacks" unser Genom konstruiert ist und wann wir ein Überschreiten mit gesundheitlichen Konsequenzen bezahlen.

Altern als wenig verstandenes Phänomen   9

Die Französin Jeanne Calment, 1875 in Arles geboren, hält seit 1990 den Rekord des höchsten bestätigten Alters eines Menschen mit 122 Jahren und 168 Tagen. Sie selbst führte ihr erreichtes Alter auf den Genuss von Olivenöl, Knoblauch, Gemüse und Portwein zurück.

> Physiologisch muss man daher davon ausgehen, dass die maximal erreichbare Lebensspanne des Menschen bei ungefähr 120 Jahren liegt.

Prokaryoten und viele niedrigen Eukaryoten wie Amöben und Algen sind dagegen potentiell unsterblich. Sterblich sind dagegen alle Organismen mit somatischen Zellen und Keimzellen. Der einzige unsterbliche Teil in ihnen ist, unter Voraussetzung ihrer Fortpflanzung, ein Teil ihrer Gene. Dennoch ist die Definition von Altern und Tod schwierig und entzieht sich bisher einer alle Phänomene umfassende Definition (Abb. 9.1). Eine brauchbare Definition ist vielleicht die des Gerontologen Leonard Hayflick:

> Altern ist die Summe aller Veränderungen, die in einem Organismus während seines Lebens auftreten und zu einem Funktionsverlust von Zellen, Geweben, Organen und schließlich zum Tod führen.

Natürlich ist diese Definition eher deskriptiv und beschreibt nicht die eigentlichen verursachenden biologischen Prinzipien, die für Altern verantwortlich sind und schon gar nicht, warum Altern und Tod überhaupt existieren.

Mit den biologischen Ursachen des Alterns befasst sich die Biogerontologie. Altern ist ein physiologischer Vorgang und ein wesentlicher Risikofaktor für die Gesundheit aber keine primäre Todesursache. Typische Begleiterkrankungen des Alterns und die Ursache dafür, dass z. B. der Mensch in der Regel nicht die oben

© Springer Fachmedien Wiesbaden 2015
W. Buselmaier, *Evolutionäre Medizin*, essentials,
DOI 10.1007/978-3-658-10760-4_9

Abb. 9.1 Der Totentanz des Malers Rudolf Stolz (1874–1960). Ausschnitt aus den Fresken am Friedhofseingang von Sexten, Südtirol. (Bild: Sigrid Göhner-Buselmaier)

erwähnte Lebensspanne erreicht, sind Herz-Kreislauf-Erkrankungen (die häufigste Todesursache), Erkrankungen der Lunge, neuronale Gefäßerkrankungen, Diabetes mellitus Typ II, Osteoporose, Arthrose und je älter wir werden, Krebs.

Aus Familienuntersuchungen und dem Vergleich ein- und zweieiiger Zwillinge geht zweifelsfrei hervor, dass es für die maximal erreichbare Lebensspanne eines jeden Menschen eine genetische Prädisposition gibt. Wir alle kennen die aus der jeweiligen Familiengeschichte abgeleiteten Aussagen „gute" oder „schlechte" Gene für ein langes oder kurzes Leben und die daraus resultierenden Hoffnungen oder Befürchtungen. Aber auch nach allen bisherigen Erfolgen der DNA-Sequenzanalyse und den daraus abgeleiteten Genfunktions-Analysen wurden bisher keine Gene für das Altern gefunden. Folglich ist jede Abschätzung des Anteils der genetischen Prädisposition bisher spekulativ und ein genetisches „Todesprogramm" aus evolutionärer Selektion oder Verwandtenselektion scheint es nach unserem bisherigen Wissen nicht zu geben.

9.1 Alterungsprozesse des Genoms

Der bisher erfolgversprechendste Ansatz zur Erklärung des Phänomens des Alterns ist daher der evolutionsbiologische. Bereits 1942 schloss der britische Genetiker J. B. S. Haldane, dass die autosomal-dominant erbliche Erkrankung **Chorea**

Huntington, ein Nervenleiden mit schnellen unwillkürlichen (choreatischen) Bewegungen, langsamem körperlichen Zerfall und zunehmenden psychischen Veränderungen bis zur Demenz schweren Grades, die sich meist zwischen dem 30. und 40. Lebensjahr entwickelt und bei allen der Genträger auftritt (Penetranz 100 %), nur deshalb existiert, weil in früheren Zeiten nur wenige Menschen überhaupt ein Alter von 40 Jahren erreichten. Die späte Manifestation nach dem Reproduktionsalter ist also kein Ansatzpunkt für die Selektion, womit wir bei einer zentralen Aussage der evolutionären Medizin bezüglich des Alterns angelangt sind:

> Evolution ist fokussiert auf Reproduktionserfolg und nicht auf ein möglichst langes Leben.

In der gesamten Biologie höherer Organismen, mit Ausnahme des Menschen, ist Altern im menschlichen Sinne ein kaum auftretender Vorgang, da die Organismen durch externe Auslöser bereits vorher sterben. Infolgedessen ist ein genetisch fixiertes Todesprogramm sehr unwahrscheinlich, da evolutionäre Selektion hier kaum ansetzen konnte. Aus evolutionärer Sicht beginnt Altern nach Abschluss der Reproduktion bzw. nachdem die Kinder zu selbstständig lebensfähigen Individuen herangewachsen sind und vollzieht sich gewissermaßen außerhalb deren Kontrolle.

Vom Standpunkt der Humangenetik gibt es für eine begrenzte Reproduktionsphase valide Gründe. Bei Frauen setzt die Menopause im Alter von 45 bis 55 Jahren ein. Die Entstehung von **Trisomien** korreliert mit dem mütterlichen Alter. Der Grund hierfür liegt darin, dass zum Zeitpunkt der Geburt bereits alle weiblichen Oozyten gebildet sind und in einem Zwischenstadium der Meiose vorliegen, indem die homologen Chromosomen gepaart sind, um beim Abschluss der Meiose, die mit der Besamung einhergeht, regelgerecht verteilt werden zu können. Diese Paarung scheint sich mit zunehmendem Alter aus bisher unbekannten Gründen zu lockern, was dann dazu führen kann, dass fälschlicherweise 2 homologe Chromosomen in eine Oozyte gelangen mit dem Ergebnis, dass nach der Befruchtung eine Trisomie entsteht. Dieser Vorgang der fehlerhaften Verteilung ist altersabhängig und liegt bei einer ca. 20-jährigen Frau bei 0,1 %, bei einer 50-jährigen bei etwa 10 %. Gleichzeitig steigt mit zunehmendem Alter von Männern bei abnehmender Spermienproduktion die **Genmutationsrate** und damit das Risiko für **monogene Erkrankungen**. Dies liegt an dem ständigen Kopiervorgang zur Produktion befruchtungsfähiger Spermien, wobei die Fehlerrate mit der Kopienzahl steigt. Die Menopause und der Rückgang der Spermatogenese im Alterungsprozess – von heutigen pränataldiagnostischen Möglichkeiten einmal abgesehen – sind also letztlich Schutzmechanismen, die die Entstehung genetisch gesunder Kinder befördern und noch genügend Zeit für deren Erziehung lassen.

Nach dem Prozess der Fortpflanzung kann die Selektion nicht mehr angreifen. Man hat dafür den Ausdruck **Selektionsschatten** geprägt, da in freier Wildbahn zu wenige Individuen ein Alter erreichen, um gegen das Altern einen Selektionsdruck aufzubauen.

Die Alterungsprozesse des Genoms – und nur diese sollen hier behandelt werden – sind bisher nur in Ansätzen verstanden. Die zwei wesentlichen Hypothesen hierzu sind:

* die Telomer-Hypothese,
* die zelluläre Seneszenz und Apoptose.

9.2 Telomer-Hypothese

Das **Hutchinson-Gilford-Syndrom**, eine sehr seltene monogene autosomal dominante Erkrankung, ist durch die Bildung eines abnormen Lamin A gekennzeichnet. Die Erkrankung führt zu einer frühen Alterung. Die mittlere Lebenserwartung beträgt 13 Jahre. Inzwischen ist belegt, dass dieses Syndrom mit einer beschleunigten Telomerverkürzung einhergeht. Auch bei der sehr seltenen **Dyskeratosis congenita**, einer genetisch heterogenen Erkrankung mit X-chromosmal-rezessivem, autosomal dominantem und autosomal rezessivem Erbgang altern neben vielfältigen anderen Störungen die betroffenen Patienten vorzeitig. Die betroffenen Gene kodieren nachgewiesenermaßen für den Telomerase-Komplex, zumindest bei einem Teil der Patienten, bei anderen Patienten ist eine Beziehung zur Telomerase wahrscheinlich. Diese und bereits Anfang der 1990er Jahre erhobene experimentelle Befunde haben zur Formulierung der Telomerhypothese des Alterns geführt.

Die **Telomer-Hypothese** geht von der Beobachtung aus, dass sich bei jeder Replikation der Zelle bei einer Vielzahl von Geweben die Telomere verkürzen. Dies betrifft z. B. Zellen des peripheren Bluts, Epithelzellen des Magen- und Darmtraktes, Zellen von Nebenniere und Nierenkortex, Leber- und Milzzellen. Beim Menschen sind dies bis zu 1000 Sequenzwiederholungen an den Enden der Chromosomen, die sich von Zellteilung zu Zellteilung verkürzen. Mit Abnahme der Sequenzwiederholungen verlangsamt sich die Zellteilung, bis sich eine Zelle überhaupt nicht mehr teilt und seneszent wird. Die **Telomerlänge** begrenzt also die Zellteilung und man hat eine Korrelation gefunden zwischen dem Proliferationspotential und der Lebensspanne. Bei langlebigen Organismen ist das Proliferationspotential größer. Ein häufig zitiertes Beispiel für die Telomerverkürzung ist das Schaf-Experiment von Wilmut und Kollegen 1997. Das **Klonschaf Dolly** wurde aus einem Brustdrüsen-Zellkern eines 5 Jahre alten Schafs, der in eine enucleierte Oozyte verbracht wurde geklont. Der so entstandene Embryo wurde in einer Pflegemutter ausgetragen. Dolly verstarb nach früh einsetzender Seneszenz weit vor Erreichung der mittleren Lebenserwartung von Schafen. Viele Wissenschaftler hatten dies bereits kurz nach der Geburt von Dolly wegen der verkürzten Telomere des transferierten Zellkerns vorausgesagt. Aus Zellkulturen ist bekannt, dass sich die Zellteilungsrate in Abhängigkeit vom Lebensalter des Zellspenders verringert, also abhängig ist von der noch möglichen Teilungsrate, die die Telomere vorgeben.

9.3 Zelluläre Seneszenz

Die **zelluläre Seneszenz** beruht auf der mit dem Lebensalter zunehmenden **Ansammlung von DNA-Schäden** in Zellen. Diese entstehen durch freie Sauerstoffradikale, die zu Lipid- und Proteinoxidationsprozessen führen. Deren Abbauprodukte sammeln sich in der Zelle an und werden beispielsweise als Lipofuszin abgelagert. Die Zelle wird seneszent oder es wird die Apoptose eingeleitet. Dabei spielen die Tumorsuppressor-Proteine p53 und pRB (Retinoblastom-Protein) – wenn die Zelle noch teilungsfähig ist – eine bedeutende Rolle. Sie entscheiden, ob eine Zelle bei zu großen Schäden in die Apoptose geschickt wird oder sich weiter teilen darf. Defekte in den Tumorsuppressor-Genen TP53 und RB1 führen zur Ausschaltung des Seneszenzprogrammes und des programmierten Zelltodes und damit zu Krebs.

Auch durch oxidativen Stress bedingte mitochondriale Schäden können möglicherweise zu Apoptoseprozessen führen. Man kann so den Alterungsprozess auch als eine ständige Vermeidung von Krebs ansehen. In der Jugend wird durch Vermeidung von Krebserkrankungen die reproduktive Phase gesichert, in späteren Jahren durch die gleichen Prozesse das Altern beschleunigt.

Vielleicht hängt auch die familiäre Komponente des Alterungsprozesses mit an der genetisch bedingten Effizienz unserer Reparatursysteme.

Chemotherapieresistenz bei Krebserkrankungen

10

Unsere steigende Lebenserwartung führt dazu, dass immer mehr Menschen eine Krebserkrankung auch tatsächlich erleben, d. h., sie macht Krebs wahrscheinlicher. So kommen heute nach der Statistik auf einen unter 15-Jährigen mit einer Krebsdiagnose 200–300 über 80-Jährige. Krebs ist nach Herz-Kreislauf-Erkrankungen die zweithäufigste Todesursache. Schwerpunkt bei der Krebsforschung ist heute u. a. neben der Sequenzierung von Tumorgenomen die **Chemotherapieresistenz** bei Krebserkrankungen. Hierfür gibt es vielfältige Ursachen:

- Tumorzellen befinden sich im Schlafzustand und haben sich während der Therapie nicht geteilt.
- Die Wirkstoffe erreichen nicht das gesamte Gewebe in ausreichend hoher Konzentration.
- Das Tumorgewebe „entgiftet" die Wirkstoffe ungewöhnlich schnell.
- Es kommt zum Verlust des programmierten Zelltodes.

Eine neuere Theorie geht davon aus, dass Chemotherapieresistenz durch eine kleine Anzahl unsterblicher Zellen mit besonderen Eigenschaften verursacht wird, für die sich in der Tumorforschung der Begriff **Stammzellen** etabliert hat. Sie wurden erstmals anhand charakteristischer Zelloberflächenproteine bei Leukämien entdeckt und konnten zwischenzeitlich auch bei anderen Tumoren, wie z. B. Darmkrebs oder Gliomen, nachgewiesen werden. Solche Zellen mit Stammzelleigenschaften scheinen sich aggressiver zu vermehren und leichter zu metastasieren. Dabei ist nicht geklärt, wie Tumorstammzellen entstehen, ob sie sich aus Gewebestammzellen entwickeln oder aus ausdifferenzierten Zellen durch Rückgewinnung embryonaler Eigenschaften gebildet werden. Mit dem Modell der Tumorstammzellen lassen sich viele Phänomene erklären, wie Metastasen und aggressives Wiederauftreten scheinbar zerstörter Tumoren. Chemotherapeutika und Bestrahlung

© Springer Fachmedien Wiesbaden 2015
W. Buselmaier, *Evolutionäre Medizin*, essentials,
DOI 10.1007/978-3-658-10760-4_10

zerstören hauptsächlich sich teilende Zellen. Da Tumorstammzellen wenig teilungsaktiv sind, werden sie von den therapeutischen Maßnahmen nicht nur nicht erfasst, sondern sozusagen positiv selektioniert. Daher arbeiten gegenwärtig Wissenschaftler, wenn auch erst ganz im Anfangsstadium, daran, schlafende Tumorstammzellen zuerst zu „wecken", um sie anschließend durch Therapeutika zu bekämpfen.

Zielsetzung

▷ Zentraler Motor der Evolution ist der Reproduktionserfolg, nicht die Gesundheit und schon gar nicht ein möglichst langes Leben des einzelnen Individuums.

Gesundheit und der Wunsch, alt zu werden, sind Errungenschaften der soziokulturellen Evolution unserer jüngsten Geschichte. Die Bedeutung des Reproduktionserfolgs hat für den heutigen Menschen eher abgenommen.

Dennoch ist unser Genom kaum verschieden von dem des Steinzeitmenschen. Viele Infektionskrankheiten sind erst als Tribut an unsere kulturelle Evolution entstanden und weitere entstehen im Zuge ständiger gesellschaftlicher Veränderungen. Andere Erkrankungen sind Tribut an die westliche Überflussgesellschaft, aber auch an die Mangelgesellschaften der Dritten Welt. Wieder andere sind uralte Folge des Evolutionsmechanismus, der keine vollkommenen Lebewesen hervorbringt.

Wir müssen also stärker berücksichtigen, dass unser Schicksal mitgeboren ist und nur der ultimative Ansatz zu einem besseren Verständnis von Krankheit und Gesundheit, aber auch zum Verstehen individueller Lebensabläufe beiträgt. Folgt man den eingangs erwähnten Begründern der evolutionären Medizin Randolph Nesse und George C. Williams, so sollten künftige Krankheitsbeschreibungen evolutionäre Gesichtspunkte mitberücksichtigen und folgende Fragen beachten:

- Welche Aspekte des Krankheitsbildes sind direkte Manifestation der Krankheit und welche repräsentieren einen Abwehrmechanismus?
- Falls die Krankheit über eine genetische Komponente verfügt, warum sind die Gene erhalten geblieben?
- Tragen neuartige Umwelteinflüsse zur Entstehung einer Krankheit bei?
- Falls die Krankheit mit einer Infektion in Zusammenhang zu bringen ist: Welche Aspekte dieses Erscheinungsbildes kommen dem Wirt zugute, welche dem

© Springer Fachmedien Wiesbaden 2015
W. Buselmaier, *Evolutionäre Medizin,* essentials,
DOI 10.1007/978-3-658-10760-4_11

pathogenen Organismus und welche keinem von beiden? Mit welchen Strategien versucht der Krankheitserreger unsere Verteidigungsmechanismen zu
umgehen und welche besonderen Verteidigungsmechanismen haben wir gegen
diese Strategien?

* Welche Design-Kompromisse oder welches historisches Erbe lässt uns für diese
  Erkrankung anfällig werden?

Die neueste molekularbiologische Entwicklung, eingeleitet durch das sog. **Next
generation sequenzing** eröffnet uns den Weg in eine genorientierte, individualisierte Medizin und damit völlig neue diagnostische, therapeutische sowie pro-
gnostische Möglichkeiten. Das Genom eines jeden individuellen Menschen kann
in Kürze routinemäßig preiswert in wenigen Stunden sequenziert werden. Damit
wird das Ergebnis unserer individuellen Evolutionsgeschichte lesbar. In einem
Forschungsansatz, den man als **Metagenomik** bezeichnet, wird nicht nur das Genom einzelner Individuen erfasst, sondern auf den Menschen bezogen, das Genom
aller im und am Menschen angesiedelten Organismen. So besteht das menschliche
Metagenom zu etwa 10 % aus Zellen mit menschlicher DNA. Wir beherbergen
nach aktuellen Schätzungen 100-mal mehr verschiedene Gene als unser eigenes
Genom. Die Analyse des individuellen Genoms und die Kenntnisse über das Metagenom beinhalten in Zukunft ein großes Potenzial für ein besseres Verständnis
von Krankheiten. So wird man mit **individuellen genorientierten Behandlungen**
viel bessere Ergebnisse erzielen als bisher. Das Forschungsgebiet Pharmakogene-
tik, wie diese Fachrichtung von dem Humangenetiker Friedrich Vogel bezeichnet
wurde, wird zu völlig neuen Therapieansätzen gelangen. Gleichzeitig bieten aber
heute schon viele Firmen im Internet frei verkäuflich Gentests und künftig kom-
plette Genanalysen an. Die mitgelieferten Informationen und Risikoabschätzungen
hierzu sind in der Regel äußerst fragwürdig, weil sie das hochkomplexe Zusammenspiel der Gene im Genom, basierend auf unserem bisherigen Wissenstand zu
wenig berücksichtigen.

> ⮞   Hier besteht das Risiko der Angstinduktion und wir sollten den unschul-
>   dig, vielleicht auch bewusst unwissend hoffnungsvollen Blick eines
>   jeden Einzelnen in seine individuelle Zukunft als ein Grundrecht eines
>   jeden Menschen achten.

Was Sie aus diesem Essential mitnehmen können

- Ziel der **evolutionären Medizin** ist, den bisherigen **proximativen** Ansatz der praktischen Medizin durch einen **ultimativen** zu ergänzen und dadurch die Konsequenz für Gesundheit und Krankheit zu untersuchen, die sich aus dem Konflikt zwischen biologischer und kultureller Evolution ergibt.
- **Homo sapiens** ist vor etwa 100.000–400.000 Jahren in Ostafrika entstanden und hat von dort aus die ganze Welt besiedelt. **Homo sapiens sapiens**, der moderne Mensch, ist vor etwa 40.000 Jahren entstanden. Das menschliche Genom ist daher noch immer an ein Leben als Jäger und Sammler, also an das **Paläolithikum**, angepasst.
- Daraus folgt für unseren Körper:
  1. Die Entwicklung des **aufrechten Gangs** hat Neugeborene in der frühen Entwicklung zu Nesthockern gemacht und führt bei vielen Menschen in modernen Industriegesellschaften zwangsläufig zu orthopädischen Problemen.
  2. Die symbiotischen Darmbakterien des **Appendix** könnten nach Diarrhöen für die schnelle Wiederbesiedlung der Darmflora sorgen, weswegen er uns möglicherweise bis heute erhalten geblieben ist.
  3. Das inverse menschliche Auge ist **ontogenetisch** bedingt und eigentlich falsch konstruiert.
  4. Die **Kreuzung von Luft- und Speiseröhre** ist durch den evolutionären Aufbau des Verdauungs- und Respirationstrakts bedingt.
  5. Die zunehmende **Kurzsichtigkeit** ist eine Konzession an moderne Lebensformen
  6. **Hypertonie** ist sehr wesentlich durch die evolutionär bedingte Überaktivität des **Renin-Angiotensin-Systems** verursacht.
  7. **Adipositas** hat ihre Ursache zum Teil im Ernährungswandel, der durch die kulturelle Evolution ausgelöst wurde.

© Springer Fachmedien Wiesbaden 2015
W. Buselmaier, *Evolutionäre Medizin*, essentials,
DOI 10.1007/978-3-658-10760-4

8. **Diabetes mellitus Typ II** ist eng korreliert mit der Wohlstandsentwicklung. Das **metabolisch-vaskuläre Syndrom** ist der größte Risikofaktor für **Arteriosklerose**.
9. **Allergien** sind Fehlreaktionen der Immunglobulin-E-Antikörper, die sich eigentlich gegen tierische Parasiten entwickelt haben.
10. **Hellere Haut** ist unserem Vitamin-D-Bedarf in Regionen geringerer Sonneneinstrahlung geschuldet
- Die menschliche Evolution läuft sehr viel langsamer ab als die von pathogenen Mikroorganismen, weswegen **multiresistente Bakterienstämme** das Ergebnis einer beschleunigten Selektion durch Antibiotikaverwendung sind.
- **Selektion** begünstigt die Reproduktion, nicht die Gesundheit. Der Mechanismus hierzu ist letztlich eine Steigerung der Lebensfähigkeit, der Lebensdauer und der Fruchtbarkeit der Keimzellen, was zu einer Erhöhung der Reproduktivität führt. Man spricht hier von **reproduktiver Fitness**. **Natürliche Selektion** passt Organismen an ihre jeweilige Umwelt an. **Verwandtenselektion** führt zur schnelleren Verbreitung der „eigenen Gene", ergänzt also die individuelle Fitness durch **inklusive Fitness**. **Altruistische Verhaltensweisen** lassen sich so erklären. Das Konzept der **egoistischen Gene** sieht Organismen nur als Gehäuse für die Erhaltung, Fortpflanzung und Unsterblichkeit von Genen, den eigentlichen Motoren der Evolution. **Sexuelle Selektion** basiert auf der Variabilität der sekundären Geschlechtsmerkmale und verstärkt den **Geschlechtsdimorphismus**. Sie trägt zur Verstärkung der natürlichen Selektion bei. **Kulturelle Veränderungen** führen zu langfristigen Veränderungen von Genhäufigkeiten.
- Für unseren Lebensverlauf gilt:
  1. Unser **Nahrungsbedarf** entspricht noch immer dem der Jäger und Sammler.
  2. Für **Alterungsprozesse des Genoms** sind u. a. Telomerverkürzungen, Zellseneszenz und Apoptoseprozesse verantwortlich.
  3. **Tumorstammzellen** können eine wesentliche Ursache der Chemotherapieresistenz bei Krebserkrankungen darstellen.
  4. Die **individualisierte Genomanalyse** bietet in Zukunft eine weit bessere Krankenversorgung, wirft aber auch erhebliche ethische Fragen auf.

Zum Weiterlesen

Buselmaier W (2015) Biologie für Mediziner, 13. Aufl. Springer, Heidelberg

Dawkings R (2006) Das egoistische Gen. Spektrum Akademischer Verlag, Heidelberg

Ganten D (2008) Evolutionäre Medizin – Evolution der Medizin. Göttinger Universitätsreden, Wallstein Verlag, Göttingen

Ganten D, Spakl T, Deichmann T (2009) Die Steinzeit steckt uns in den Knochen. Piper, München

Gluckmann P, Beedle A, Hanson M (2009) Principles of evolutionary medicine. Oxford University Press, New York

Nesse RM, Williams GC (1997) Warum wir krank werden. Beck'sche Verlagsbuchhandlung, München

© Springer Fachmedien Wiesbaden 2015
W. Buselmaier, *Evolutionäre Medizin*, essentials,
DOI 10.1007/978-3-658-10760-4

Printed in the United States
By Bookmasters